楽しもう、大人の時間

世界の おいしい パン手帖

JN014623

監修 東京製菓学校

世界のおいしいパン手帖

本書の使い方

世界パンの旅（P.30〜167）の見方を紹介します。

① パン名
一般的な名称を表しています。店によっては、本書のパン名と違う商品名で販売していることもあります。

② タイプ
リーン系かリッチ系か、使用材料によるタイプ。

③ 主要穀物
使用する主な粉。

④ 酵母の種類
使用する主な酵母の種類。

⑤ 焼成法
パンを焼き上げる方法。直にオーブンに入れて焼くもの、天板にのせて焼くもの、型に入れて焼くものなど。

⑥ サイズ・重さ
写真のパンのサイズと重さを編集部で計測したものです。店や個体によっても、サイズは様々です。

⑦ 写真写真
写真のパンは一例で、パンの形状や大きさは店や個体によって異なることがあります。また、日本で売られているパンと本場のものが違うこともあるため、解説文とサイズが一致していない場合もあります。

⑧ パン断面写真

⑨ 配合例
配合例は、わかるものに限り、一般的な例を掲載しています。パンのレシピや材料は一通りではないことが多いので、本文と一致していないこともあります。また監修者と編集部が独自に調べた配合で、協力店の配合とは異なります。配合例はベーカーズ・パーセントで表示しています。

⑩ 国名

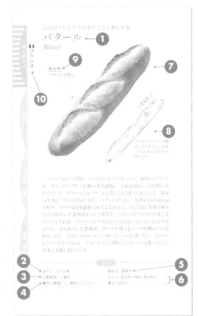

※ベーカーズ・パーセントとは

パン作りにおいて、分量を表す表示法。すべての材料の合計で100%とするのではなく、使用する粉を100%とし、それに対する他の材料の分量を表します。ただし、粉の割合は、酵母や元種を作る際に使用した粉も含みます。例えば「小麦粉80%、サワー種40%（内ライ麦粉20%）」となります。そのため、単純に計算しても、粉が100%にならない場合もあります。

パンの基礎知識

世界のパンを楽しむにあたって、知っておきたいパンの基本を紹介します。

パンの材料

基本のパン生地を作るのが主材料で、そこに甘みやコク、風味などを加える材料は、すべて副材料と呼ばれます。

主材料

粉

パンの主成分。小麦粉やライ麦粉、全粒粉などが使われます。タンパク質の含有量や挽き方の違いがあります。

パン酵母

パンをふくらませる植物由来の微生物。もとは自然界のあらゆる場所で乳酸菌などと共存しています。イーストと自家製酵母種があります。

塩

生地を引き締めて扱いやすくしたり、味の決め手になります。

水

材料をつなぎ、酵母の働きを促します。仕込みの水分量は、生地の状態やふくらみ具合、クラムの仕上がりにも影響します。

副材料

油脂

生地にボリュームを与えます。コクが加わり、バターなどには香りや風味づけの役割も。

卵

生地にまろやかな風味を与えたり、ふんわりなめらかな食感にします。表面のツヤ出しにも使います。

牛乳

牛乳に含まれる糖分はきれいな焼き色をつけるのに役立ちます。

砂糖

パンに甘みを加えるほか、生地をしっとりさせたり、やわらかさを保ちます。発酵を促す働きも。

パンのタイプ

一般的に使用する材料の配合によって、パンは大きくふたつのタイプに分かれます。

リーン系

「簡素な」という意味の通り、基本的には粉、酵母、塩、水のみを配合。味はシンプルで、粉のうまみや風味をダイレクトに味わえるのが特徴。バターや砂糖など副材料を少しだけ入れたものも、リーン系に含みます。バゲットを始めとするヨーロッパの食事パンの多くが、このタイプに当てはまります。

リッチ系

リーン系のパンの基本材料にプラスして、コクや味を加える副材料が豊富に配合されています。ふっくらとした、なめらかなクラムなのが特徴。全体的に甘めの味わいになります。菓子パンやデニッシュ・ペストリーなど、おやつや朝食で楽しむパンの多くが、このタイプに当てはまります。

パンをふくらませる"酵母"とは

水や糖分と結びつきパン生地を発酵させるのが酵母です。酵母は空気中を始め水、果物の皮、穀物などあらゆる場所にすみついている"生き物"で、温度や湿度が一定の条件に達すると、発酵を始めます。発酵を始めると、生地のグルテン膜の中に炭酸ガスの気泡ができ、内側から押し上げるようにパンをふくらませます。酵母には、パンに適した一種の酵母を純粋培養したイースト（市販のパン酵母）や、野生酵母を自家培養した酵母種と呼ばれるパン種が使われます。

N.A.
イギリスパン
ER
¥900.-

いろどり"食パン"セレクション

長年愛されてきた日本生まれの食パンがさらに進化中！
シンプルな食パンや、具材入りの変わり種、
果てはフルーツサンドまで。
今では一大ジャンルとなった食パンをご紹介します。

※特記のないものは、すべて税抜価格です

プレミアム食パン
＆デイリー食パン

こだわりの材料や製法を追求した専門店も登場！
ますます光る個性を比べてみましょう。

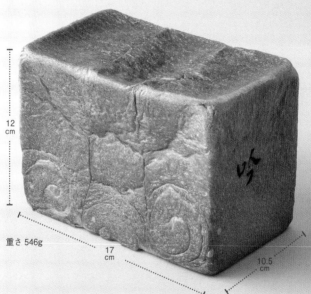

12 cm

重さ 546g

17 cm

10.5 cm

麻布十番モンタボー
あざぶじゅうばんもんたぼー
銘水食パン　吟屋久島　　　　⇒ P.177

1本／1,020円（税込）

職人技が光る、限定の逸品

屋久島に湧き出る貴重な軟水「縄文水」を使った仕込みは、モンタボーの中でも限られた技術者にしかできない技だそう。素材本来の風味が広がる。　＊限定店舗にて毎週金曜日のみ販売

使用小麦：カナダ産最高品質小麦
酵母の種類：パン酵母（イースト）
製法：ストレート法

11.5 cm

重さ 828g

24cm　11.5cm

考えた人すごいわ
かんがえたひとすごいわ　⇒ P.179

魂仕込~こんじこみ~

1本／864円（税込）

こだわり食材を詰め込んだ贅沢食パン

マーガリン・ショートニングではなく国産バターを使い、しっとりと水分を含んだきめ細かなクラムと、やわらかな口どけを実現。まずは生で味わって。

使用小麦：非公開
酵母の種類：非公開
製法：非公開

サンセリテ
さんせりて　⇒ P.180

大地の旨味食パン

1本／1,000円

重さ 854g

全粒粉配合の食パン「日本一」

北海道産全粒粉を3日間低温熟成し、全粒粉のうまみを抽出。トーストすると小麦粉の香ばしく力強い味わいが際立つ。

11.5 cm

24cm　11cm

使用小麦：春よ恋全粒粉、
オーガニックきたほなみ全粒粉、
キタノカオリ全粒粉
酵母の種類：パン酵母（ホシノ天然酵母）
製法：長時間発酵、湯種法

13.5 cm

重さ 996g

23.5cm　11.5cm

CENTRE THE BAKERY
セントル ザ ベーカリー　⇒ P.180

角食パン

1本／972円（税込）

ミルキーでもっちりが人気

北海道産小麦と、美瑛（びえい）の自社牧場から届く脱脂乳で仕込んだやさしい甘みの食パン。しっとり、もっちりの食感を味わうなら "生食" がおすすめ。

使用小麦：ゆめちからブレンド
（オリジナル粉）
酵母の種類：生イースト
製法：湯種法、ポーリッシュ法

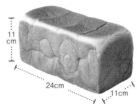

重さ 762g

使用小麦：最高級カナダ産小麦粉
酵母の種類：非公開
製法：非公開
その他：生クリーム、
バター、ハチミツ

11cm / 24cm / 11cm

高級「生」食パン専門店 乃が美

のがみ

「生」食パン ⇒ P.182

1斤／432円、1本／864円（税込）

耳までやわらか食感

2年の開発期間をかけたオリジナルレシピで、ほのかで上品な甘みと耳までふわふわな口どけを実現。生クリームやハチミツを使って仕上げたリッチな味わい。

重さ 1405g

12cm / 35.5cm / 11.5cm

Blé Doré

ブレドール ⇒ P.185

発酵バター入り角食パン

1斤／602円、1本／2,408円

エシレバターをたっぷり

エシレバターを使って、風味豊かに仕上げた。生クリームや砂糖を使ったリッチな食パン。必要最低限の酵母を使い、時間をかけ丁寧に作る。

使用小麦：カメリヤ、スーパーカメリヤ
酵母の種類：パン酵母
（生イースト、ホシノ天然酵母）
製法：ストレート法
その他：生クリーム、発酵バター使用

重さ 373g

Pelican

パンのペリカン

⇒ P.186

角食パン

1斤／430円（税込）

弾力感が最高な
シンプル食パン

副材料をほぼ使用していないので、雑味がなく、シンプルに力強く小麦の香りが感じられる。やや小さめだが、クラムがみちっと詰まり、もっちりとした食感が絶妙。

使用小麦：非公開
酵母の種類：非公開
製法：非公開

9.5cm / 16.5cm / 9cm

重さ416g

12cm
10.5cm　12cm

使用小麦：春よ恋ほか4種類の
粉をブレンド
酵母の種類：ドライイースト
製法：ポーリッシュ法
その他：てんさい糖使用

AOSAN

アオサン　⇒ P.177

角食

1斤／250円

仕込み時間は3日間

生地を低温で熟成させる冷蔵長時間発酵により、じっくりとうまみを引き出すため、仕込みには3日間もかける。しっとりとし、口の中でとけるような味わいに。

BREAD, ESPRESSO&

パンとエスプレッソと
⇒ P.183

ムー

1個／350円（税込）

バターがたっぷり

食パンにしてはやや小さめなのは、専用の小さい型で焼いているから。小ぶりながら、バターをふんだんに使っているため、食べごたえがあり、風味豊か。

9cm
8.5cm　8.5cm

使用小麦：非公開
酵母の種類：ドライイースト
製法：非公開

重さ191g

重さ482g

使用小麦：キタノカオリ
酵母の種類：セミドライイースト
製法：冷蔵法
その他：ハチミツ、生クリーム、
ミルクパウダー使用

BLUFF BAKERY

ブラフベーカリー
⇒ P.185

ブラフブレッド

1本／530円（税込）

ふわふわのやわらかさ

吸水性が高く口どけのよい国産小麦を100％使用。ミルク風味が強く感じられる。とにかくふわふわとやわらかく、頬ずりしたくなるほど。

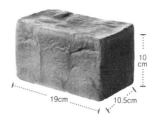

10cm
19cm　10.5cm

重さ 765g

12cm

24cm　11cm

BOULANGERIE ianak!

ブーランジェリー　イアナック　⇒ P.184

角食パン

1斤／245円、1本／490円

そのままでもおいしい食パン

ルヴァンリキッドを使用しているので、耳までやわらかい。塩気がやや強いので、そのままで食べてもおいしい。

使用小麦：レジャンデール、セイヴァリー
酵母の種類：ルヴァンリキッド、パン酵母（生イースト）
製法：オーバーナイト法

POMPADOUR

ポンパドウル　⇒ P.187

男爵

1斤／300円

トーストすると
うまみアップ

トーストしたときのさくっと感と、歯切れのよさがポイント。必要最低限の副材料で製法もごくシンプル。そのまま食べても飽きのこない味。

11.5cm

13cm　11cm

重さ 422g

使用小麦：強力粉
酵母の種類：パン酵母（イースト）
製法：ストレート法

重さ 1246g

横澤パン

よこさわぱん
⇒ P.188

食パン

1本／840円

丁寧に手ごねで作る

小麦のうまみを引き出すためにひとつひとつ丁寧に手ごねで仕込む、昔ながらのシンプルな製法。優しく、素朴な味の食パンはどんな料理にも相性がよい。

使用小麦：イーグル
酵母の種類：パン酵母（生イースト）
製法：ストレート法

13cm

31cm　11cm

アレンジ食パン

甘いおやつ食パンはもちろん、アルコールに合わせたい
ご馳走食パンも！ 具材や副材料に工夫を凝らした
アレンジ食パンを見てみましょう。

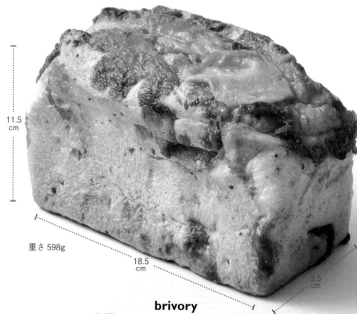

11.5 cm

重さ 598g

18.5 cm

9.5 cm

brivory
ブライヴォリー ⇒ P.185
チェダー&ペッパー

| 1本／1,680円 |

胡椒がアクセントの贅沢食パン

さわやかな酸味とナッツのようなコクのあるチェ
ダーチーズがたっぷり練り込まれたリッチな食パ
ン。トーストすると溶け出すチーズが美味。

使用小麦：栃木県産ゆめかおり
酵母の種類：非公開
製法：非公開
その他：チェダーチーズ、ブラックペッパー、ハチミツ

重さ 684g

使用小麦：非公開
酵母の種類：パン酵母（イースト）
製法：ストレート法
その他：あずき、生クリーム

11cm
18cm　11cm

Tommys

トミーズ　⇒ P.181

あん食

1.5斤／700円

北海道産あずきを混ぜたおやつ食パン

生クリーム入りのソフトな食パン生地に粒あんを
巻き込んだ、神戸を代表するパンのひとつ。トース
トにバターを塗ると止まらないおいしさ。

hotel koé bakery

ホテル コエ ベーカリー
⇒ P.186

フィナンシェ食パン
〜進化系生食パン〜

1斤／918円（税込）

＊イートインは935円（税込）

まるで洋菓子！ な新感覚

アーモンドと焦がしバターを配
合した、焼き菓子のような味わ
いながら、口当たりは耳までほ
ろりとほぐれる軽さ。少し厚め
のトーストでいただきたい。

重さ 435g

11cm
12cm　11cm

使用小麦：きたほなみ、ゆめちから
酵母の種類：ルヴァン種
製法：非公開
その他：アーモンドプードル、本和香糖、発酵バター

重さ約 600g

11cm
20cm　10cm

LeTAO

小樽洋菓子舗 ルタオ　⇒ P.189

クロワッサン食パン

1.5斤／1,944円（税込）

ミルクとバターのハーモニー

こだわりの生クリーム＆牛乳を配合した生地
は、北海道の洋菓子店ならではの贅沢さ。トー
ストすると、耳はサクリ、中はバターの豊かな風
味が口の中でとけていくよう。

使用小麦：春よ恋、キタノカオリなど
酵母の種類：椿酵母（パン酵母並用）
製法：低温熟成発酵
その他：ルタオオリジナル生クリーム、
北海道産バター

フルーツサンド

果物と生クリームを食パンで挟んだ
フルーツサンド。フレッシュな果物が魅力のもの、
バランス重視のものなど、見ているだけでも楽しい!

銀座千疋屋
ぎんざせんびきや
⇒ P.179

フルーツサンド
1,200円

**計算され尽くした
専門店の名品**

いちごやメロンなど厳
選した旬のフルーツを
主役に、ほどよいやわら
かさを保った食感を追
求。食べやすさを考え
抜いた厚さにしているそ
う。

**華やかなパッケージは
手みやげにもピッタリ!**

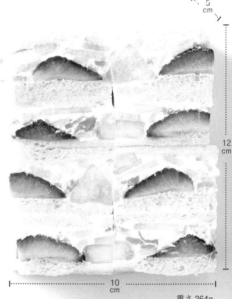

5 cm

12 cm

10 cm

重さ 264g

重さ 236g

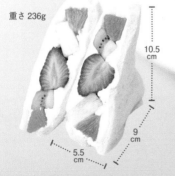

10.5 cm

9 cm

5.5 cm

イマノフルーツ
ファクトリー
いまのふるーつふぁくとりー
⇒ P.178

ミックスサンド
648円(税込)

鮮度抜群のフルーツがゴロリ

新鮮な旬の果物を厳選したミックス
サンドは、ひと口ごとに異なる味わ
いが楽しい。品種ごとに挟んだいち
ごなども人気。

Pelican cafe

ペリカンカフェ ⇒ P.186

フルーツサンド

920円（税込）

パン・フルーツ・
クリームの黄金比

老舗パン店・ペリカンのカフェ
メニュー。クラムにほんのりと
甘みのあるペリカンの食パン
は、生クリーム＆フルーツとも
相性抜群。

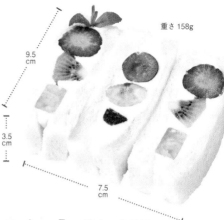

重さ158g

9.5
cm

3.5
cm

7.5
cm

ダイワ中目黒

だいわなかめぐろ

⇒ P.180

完熟宮崎マンゴー（半身）

758円（税込）※時価

ペーナップルサンド

626円（税込）

ぶ厚いフルーツが
迫力満点！

八百屋さんが立ち上げたフルー
ツサンド専門店。SNS映え間
違いなしの果物はジューシー
そのもの。口いっぱいの鮮度
を味わって。

重さ各200g

10
cm

9
cm

5.5
cm

フツウニフルウツ

ふつうにふるうつ

⇒ P.185

エスプレッソバナナ

500円（税込）

フツウニフルウツ

500円（税込）

毎日でも食べたい
やさしい味

表参道の人気店・パンとエ
スプレッソとの食パンを使
用。食べ飽きないようにと甘
さ控えめにしたクリームで、
やさしいバランスのサンドに。

重さ各120g

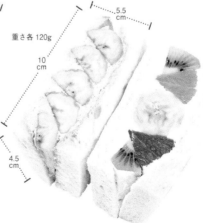

5.5
cm

10
cm

4.5
cm

15

なつかし
おいしい！

コッペパンカタログ

あなたならどれを選ぶ？

なつかしさと、挟む具材のバリエーションで人気のコッペパン。

ベーコン

卵サラダ

ベーコンエッグ
こっぺ

220円（税込）

外からはわからないボリュームたっぷりの卵サラダがうれしい！ やさしい卵の味にベーコンの塩気が美味。

みはるや ⇒ P.187

ナポリタン

270円（税込）

小ぶりなパンにケチャップ味のスパゲティーがギュッと詰まったおかずコッペ。見た目もまたかわいい。

大平製パン ⇒ P.178

ソーセージ

スパゲッティー

焼きそば
こっぺ

200円（税込）

焼きそば

特盛の麺もペロッと平らげられそうな、濃厚ソース風味！ ほのかに甘いコッペパンの生地ともマッチする不思議なおいしさ。

みはるや ⇒ P.187

ポテトキンピラこっぺ

250円（税込）

独特の黄色と甘みで人気の品種・インカのめざめを使ったポテトサラダと、しょうゆ味のごぼうが驚きの相性。みはるやの季節限定品。

みはるや ⇒ P.187

キンピラごぼう

ポテトサラダ

あんこマーガリン

200円（税込）

定番の粒あんにたっぷりバター。やさしい甘みとコクを、しっとりとやわらかなコッペパンが受け止めた至極の味わい。

大平製パン ⇒ P.178

バター
粒あん

ラミー・ラミー

380円

洋酒に漬けたドライフルーツがちょっぴり大人の味。ふわふわのクラムにくるみの食感と香ばしさがアクセントになっている。亀有本店限定メニュー。

吉田パン ⇒ P.188

くるみ
ドライフルーツの洋酒漬け

きなこ

170円（税込）

大平製パンであんこマーガリンに並ぶ人気メニュー。大豆のコクと上品な甘みを感じるきなこクリームが、素朴なコッペ生地を引き立てる。

大平製パン ⇒ P.178

きなこクリーム

フルーツサンド

300円

コッペパンのフルーツサンド。やさしい甘みのクラムに生クリームもフルーツも軽い口当たりで、ペロリと食べられる。

吉田パン ⇒ P.188

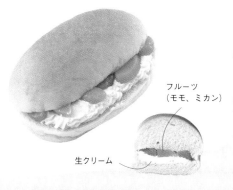
フルーツ（モモ、ミカン）
生クリーム

17

パンをおいしく食べるために

食べ頃、切り方、保存方法などはパンの材料やタイプで異なります。
パンをいつでもおいしく食べる方法を知っておきましょう。

パンのおいしいタイミング

炊きたてのご飯がおいしいことを知っている日本人は、パンも焼きたての
あたたかいものがおいしいと思いがち。しかし、ヨーロッパ人には焼きたて
ほやほやのパンを食べる習慣はあまりありません。

なぜなら、焼き上がったばかりのパンの中には余分な水分が残っているた
め、生地に粘り気があり、パンらしいふわふわとした食感を味わうことがで
きないからです。じつは香りも発酵時のアルコール臭がわずかにします。ま
ずは焼き上がったら20〜30分ほどパンクーラーの上に置いて粗熱をとってか
ら食べましょう。パンの中にこもった水分が焼き上がったパンの熱で蒸発し、
生地にパン本来の弾力と軽さが生まれます。焼けた表面の芳しい香りも、
パンが冷めると同時に生地の内側にじっくりとなじんで、豊かな風味へと仕
上がります。

もちろん、パンによっては例外もあり、材料の粉や酵母、具材によって
食べ頃は異なります。パンそれぞれの特性を知っておいしいタイミングを逃
さないようにしましょう。

フランスパン	粗熱がとれた後数時間が食べ頃。8時間を過ぎるとパンの乾燥が始まり、翌日には堅くなってしまう。できるだけ当日に食べるのがおすすめです。	**食パン**	粗熱がとれる頃、クラムの状態も落ち着くため風味と食感ともに一番おいしいです。焼き上がりから2〜3日はトーストすればおいしさは持続します。
発酵種のパン	粗熱がとれてからの当日もおいしいのですが、もともと酸味を帯びている乳酸菌や酢酸菌などの割合が高いため、焼いた翌日のほうが風味がなじんでおいしい場合があります。	**菓子パン**	粗熱がとれたらすぐに食べるのがおすすめ。デニッシュ系の甘いパンは生地のサクサク感が残る3時間以内に食べるのが目安。クリームなどは日持ちしないため、当日に食べきりましょう。
ライ麦配合のパン	ライ麦の配合率が高いものは、翌日が食べ頃の目安。ライ麦配合のパンは日持ちがいいため、焼き上がりから2〜4日は風味を損なうことなくおいしく食べることができます。	**惣菜パン**	焼きたて、揚げたてのものが一番おいしいです。パン生地よりもチーズなど、冷めると本来の味が損なわれる具材を使ったものは、あたたかいうちに食べるのがおすすめです。

パンの切り方

　きちんと粗熱をとってクラムが落ち着いてから切るのが基本。焼きたての
パンにナイフを入れると、パンのクラム（中身）がナイフに張りついて切りに
くく、切り口がきれいにならないからです。さらに、パンは切ってしまうと切
り口から生地の劣化が始まり、風味が損なわれてしまうので、食べる直前
に食べる分だけを切るようにするといいでしょう。

食パンの場合

　食パンはオーブンの熱が一番当たらない両端の側面がやわらかいた
め、真上から切ろうとすると腰折れしてつぶれてしまいます。食パンを
横に倒し、底側と側面の角から切り込み、力を抜いてナイフを引くよ
うに切ります。

パンをギュッとつかんだり、真上から押さえつけるようにナイフを入れると、パンはつぶ
れてしまいます。

バゲットの場合

　バゲットやバタールなど、リーン系のパンはクラスト（外皮）が堅く、
パンナイフが滑ってしまうことがあります。表面の切れ目部分に刃を
当てて切れば、ナイフの刃がクープ部分に引っかかり、きれいに切る
ことができます。

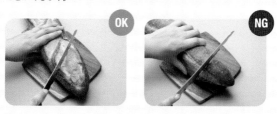

引っかかりのない面にナイフを当てて切ろうとすると堅いクラストで刃が滑り、けがをす
る恐れもあります。

パンの保存方法

　パンは空気に触れている間、どんどん劣化が進みます。購入したり、焼いたパンをその日のうちに食べきれないとわかっている場合は、冷凍保存をおすすめします。一度に食べる分量を小分けにし、空気に触れないようしっかりとラップでくるみます。次にラップでくるんだパンを密閉のきく保存袋に入れ、空気をしっかりと抜いてから冷凍庫で保存します。保存後は1週間を目安に食べきりましょう。

　解凍方法はパンによって異なり、ソフト系やライ麦配合のパンは常温で解凍するだけ。クロワッサンやハード系のパンは常温で戻したあと、表面に霧吹きをしてからオーブンで焼き戻すとパリッとした食感がよみがえります。

空気に触れる部分がないよう、きちんとラップで包みましょう。

保存袋内の空気はストローで
吸い出すと簡単に密閉状態
にすることができます。

少しでも空気が入った状態は
パンに冷凍庫のニオイがうつ
り、風味を損ないます。

\\ パンがさらにおいしくなる! //
アレンジレシピ

そのまま食べてもおいしいパン。
ちょっとした工夫と手間をかけるだけで
とびきりの料理やデザートに大変身!

海の幸のグラタン風
タルティーヌ

ピザ風タルティーヌ

バゲットで作る

ピザ風タルティーヌ

材料 4人分

バゲット…½本
カッテージチーズ…160g
生クリーム…80g
卵黄…1½個分
薄力粉…24g
塩…2g
こしょう、ナツメグ…各適量
玉ねぎ…適量
ベーコン…適量
グリュイエルチーズ…適量

準備

バゲットは2cm厚さに、玉ねぎは薄めにスライスする。
ベーコンは8mm角に切る。

作り方

1 ボウルにカッテージチーズを入れ、生クリームを少しずつ加えながら泡立て器ですり混ぜる。
2 1に卵黄、薄力粉、塩、こしょう、ナツメグの順に加え、そのつど泡立て器でよく混ぜる。
3 スライスしたバゲットに2を50〜60gずつ塗り、玉ねぎ、ベーコン、グリュイエルチーズの順にのせる。
4 オーブントースターで5〜6分焼く。

海の幸のグラタン風タルティーヌ

材料 4人分

バゲット…½本
バター…10g
薄力粉…10g
牛乳…100mℓ
塩、こしょう…各適量
バター(具材炒め用)…6g
冷凍シーフードミックス…80g
オリーブ(黒、緑)…各4g
セミドライトマト…8g
白ワイン…適量
ミックスチーズ…適量

準備

バゲットは2cm厚さに、オリーブと
セミドライトマトは細かくきざむ。

作り方

1 バターを鍋に入れ弱火にかけ、溶けたら薄力粉を一度に加え、吹き上がるまで素早く混ぜる。
2 1に牛乳を加え、素早く混ぜたら裏ごしする。
3 2を鍋に戻し、弱火にかける。とろみがついたら火を止め、塩、こしょうで味を調える。
4 熱したフライパンにバター(具材炒め用)を入れ、溶けたら冷凍シーフードミックス、オリーブ2種、セミドライトマトを加えて軽く炒める。
5 4に白ワインを加え、アルコール分をとばす。具材に火が通ったら火を止め、3と合わせる。
6 スライスしたバゲットに5、ミックスチーズの順にのせ、オーブントースターで5〜6分焼く。

パネトーネで作る

フランボワーズの
パンプディング

材料　4人分

パネトーネ…30g
卵（全卵）…1個
卵黄…1個分
グラニュー糖…30g
フランボワーズ
　　ピューレ…85g
牛乳…80mℓ
ラム酒…4mℓ
粉糖…適量

準備

パネトーネを5mm角に
切ってココットに入れ
る。

作り方

1 ボウルに卵、卵黄、
　グラニュー糖を入れ
　よく混ぜ、フランボ
　ワーズピューレを加
　えて混ぜる。
2 牛乳を約40℃に温めた
　ら、1に加えて混ぜる。
3 2にラム酒を加えて混ぜたら、一度裏ごしする。
4 ココットに3を流し入れ、お湯を張ったバットに並べ、
　170℃のオーブンで30分蒸し焼きにする。
5 焼き上がったらオーブンから出して冷まし、粉糖をかけ
　る。好みで、中央にセルフィーユを飾る。

ボストック

材料　4人分

パネトーネ…輪切り4枚　　フランボワーズ
バター（無塩）…20g　　　　シロップ…40mℓ
砂糖…20g　　　　　　　アーモンドスライス
溶き卵…14g　　　　　　　…40g
アーモンド粉末…20g　　粉糖…適量
ラム酒…2mℓ

作り方

1 ボウルにバターを入れ、手でもみながら
　やわらかくし、砂糖を加えて泡立て器
　でよく混ぜる。
2 1に溶き卵を少しずつ加え混ぜ、アーモ
　ンド粉末とラム酒を加えて混ぜる。
3 スライスしたパネトーネの表面に、刷毛
　でフランボワーズシロップを塗り、その
　上に2を20gずつ均一に塗る。
4 3の表面にアーモンドスライスを並べ、
　170℃のオーブンで約20分焼く。
5 焼き上がったらオーブンから取り出して
　冷まし、粉糖をふりかける。

ピタで作る

ラタトゥイユ
ピタサンド

材料 4人分

ピタ…4枚
〈ラタトゥイユ〉
玉ねぎ…½個
ズッキーニ…½個
なす(中サイズ)…1〜2個
パプリカ(黄)…½個
パプリカ(赤)…½個
オリーブ油…適量

にんにく…1かけ
トマト缶…½缶(200g)
固形ブイヨン…¼個
バジル(ドライ)…適量
オレガノ(ドライ)…適量
塩、こしょう…各適量
サニーレタス…適量

準備

ピタは半分に切る。玉ねぎ、ズッキーニ、なす、パプリカはそれぞれ2cm角に切り、にんにくはみじん切りにする。サニーレタスは1枚ずつちぎる。

作り方

1 熱したフライパンにオリーブ油を入れ、にんにくを焦がさないように炒める。
2 1に玉ねぎ、ズッキーニ、なす、パプリカ、トマト缶の順で加え、炒め合わせる。
3 2に固形ブイヨン、バジル、オレガノを加え弱火にし、野菜から出る水分で煮込む。
4 水分がとんでとろみがついたら火を止め、塩、こしょうで味を調えたら粗熱をとる。
5 ピタにサニーレタスと4のラタトゥイユを挟み込む。

パン・ド・カンパーニュで作る

クルトン

材料 4人分

パン・ド・カンパーニュ
　…¼個
にんにく(みじん切り)…15g

オリーブ油…75mℓ
バジルペースト…16g

作り方

1 パン・ド・カンパーニュを2〜3cmの角切りにしたら、常温で1日乾燥させる。
2 にんにくをボウルに入れ、オリーブ油とバジルペーストと一緒に混ぜ合わせて、ペーストを作る。
3 2に1のパン・ド・カンパーニュを入れ、からめる。
4 3を約170℃のオーブンで25〜35分焼く。

世界のアレンジパン

パンはそのまま食べるのもおいしいですが、国によっては
意外なものと組み合わせて食べるアレンジメニューが存在します。

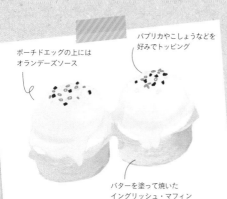

ポーチドエッグの上には
オランデーズソース

パプリカやこしょうなどを
好みでトッピング

バターを塗って焼いた
イングリッシュ・マフィン

▇▇ アメリカ
エッグベネディクト

アメリカではブランチの定番メニューです。イングリッシュ・マフィンを水平に割り、表面をカリッと焼いてハムやベーコン、ポーチドエッグなどをのせ、卵黄やバターを使ったオランデーズソースをかけたもの。パンにからむ卵とソースのトロリとした食感が絶妙です。お店や地域により様々なレシピがあり、日本でもよく見かけるようになりました。

★ ベトナム
バイン・ミー

ベトナムは19世紀末にフランスの植民地だったこともあり、パンを食べる習慣が暮らしに浸透しています。街の屋台でよく見かけるバイン・ミーは、食べきりサイズのフランスパンに切り込みを入れ、レバーパテを塗って、ハムやなます、パクチーなどをたっぷり挟みます。そこへベトナムのしょうゆ「ヌクマム」をふりかけて完成。

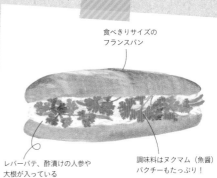

食べきりサイズの
フランスパン

レバーパテ、酢漬けの人参や
大根が入っている

調味料はヌクマム（魚醤）
パクチーもたっぷり！

おやつならジャム。食事なら
イクラやサーモンをトッピング

クレープのような
薄焼きの生地

ロシアの春祭り「マースレニッツァ」で食べられてきた伝統的なクレープ状のパン。丸い形は太陽を意味します。現在は、前菜やメインの食事、おやつなど日常的に食べられています。イーストを使っているため生地に気泡があり、ふんわりした口あたり。ジャムやはちみつの他、サワークリームやイクラ、サーモンなどを添えていただきます。

トルコ・イスタンブールの名物サンドイッチ。水平に切り込みを入れたエキメキというパンに、香ばしく焼いたサバとスライスした玉ねぎなどを挟み、レモン汁と塩をかけていただきます。日本でも最近「サバサンド」としてブームになり、エキメキの代わりに食パンやピタパンを使ったアレンジレシピも生まれています。味つけも、好みで楽しめます。

フランスパンのような
棒状のエキメキ

鉄板で焼いたサバ

玉ねぎ、トマト
レタスなどの生野菜

堅くなったパンは
水に浸して水気を絞り
ちぎって入れる

古くなって乾燥したパンを有効活用するために考案された、トスカーナ地方の郷土料理です。食欲のない夏にもおすすめの、パンサラダです。パンを水に浸して水分を含ませたら、カットした野菜と一緒にオリーブ油やワインビネガーなどで和えるだけ。やわらかくなったパンと、シャキッとした野菜の組み合わせを楽しみます。

味つけはビネガー、
オリーブ油、塩、
こしょうなどで

パンの歴史

今では世界中で食べられているパン。
そもそもパンが生まれたのは
いつだったのでしょう？
パンの始まりから現在に至るまでを
すごろくで辿ってみましょう。

START

B.C.8000 ～ 4000年頃

人類初めてのパンが
メソポタミア地域で誕生

人類と穀物の歴史は紀元前8000年までさかのぼります。パレスチナからイラクにかけてのメソポタミア地域の古代遺跡からは、麦の栽培がすでに始まっていたことが推測されます。紀元前4000年頃になると、粉状にすりつぶした大麦や小麦に水を加えてこね、直火で焼いた煎餅のようなものが食べられていました。これが現在のパンの原形といわれています。

古代のパン

パンの原形となった煎餅のようなパンは、「無発酵パン」「平焼きパン」と呼ばれます。中東諸国では無発酵パンが現在に至るまで継承されており、今も日常的に食べられています。

B.C.1000年頃

パンは古代ギリシャに渡り
様々な種類に展開

古代エジプトから古代ギリシャに製パン技術が伝わると、地中海沿岸の風土を活かしてオリーブやレーズンなどを組み合わせたパンが作られるようになります。ギリシャにはパン職人が誕生し、大きさや形、味などの品質管理も行っていました。

古代エジプトのドーナツ!?

古代エジプト時代のラムセス三世の墓の壁画には発酵パンの作り方の他に、パン生地を油で揚げたドーナツのようなパンの絵も描かれていました！

1コマ進む

B.C.4000 ～ 3000年頃

まったくの偶然から
発酵パンが作られる

古代エジプトで小麦の粉を水でこねた生地を放置したところ、空気中の野生酵母が付着。暑さによって生地が発酵し、大きくふくらみました。試しにそれを焼いてみると、香ばしくておいしいパンに！　古代人はこれを「神様の贈り物」として喜び、パン作りが盛んに。

舞台は日本へ

B.C.300〜A.D.500年頃

古代ローマ帝国で近代パンの基礎ができる

製パン技術は古代ギリシャを経て古代ローマへ。この時代、ローマだけでも200軒以上のパン屋があったといわれます。ローマ帝国の支配下で発展した古代都市・ポンペイの遺跡からは、製粉所や製パン所を始め、石臼や石窯、当時のパンなどが発掘され、現代にも通じるレベルのパンが作られていたことがわかっています。

A.D.1600〜1700年頃

ルネッサンスで花開いたヨーロッパのパン食文化

イタリアで始まったルネッサンス期に、パンは世の中に広く浸透し、一般家庭でも作られるようになりました。フランスパンが誕生したのも、この頃のこと。オーストリアの王女マリー・アントワネットは、フランス国王ルイ16世に嫁ぐ際、お抱えのパン職人とともにクロワッサンやブリオッシュなどを持ち込んだといわれます。

B.C.200年頃

日本に小麦が伝わる

日本が弥生時代の頃、中国から小麦が伝わりました。当時は小麦を粉にして、水でといたものを、煎餅のように焼いて食べていたそうです。

日本にパン伝来

1543年、鉄砲伝来と同時にポルトガルからパンが伝わったため、パンの語源はポルトガル語の「pão」といわれています。

次のページへ進む

A.D.500〜1200年頃

キリスト教の普及とともにヨーロッパ全土に広がる

古代ローマでは、パンは社会階級をもあらわしていました。上流階級の人びとは精製した小麦粉で作る「白パン」を、庶民はふるいに残された粉を使った「黒パン」を食べるのが常。パン作りが貴族や教会、修道院に独占された時代もありました。

キリスト教とパン

キリスト教ではパンを「イエスの身体（肉）」、ワインを「イエスの血」と捉え、キリスト教の儀式においてなくてはならないものとされています。

1842年

幕末の緊迫した状況で
兵糧パンが作られる

鉄砲とともに日本に伝わったパンは、鎖国政策によって日本から姿を消します。しかし江戸時代末期、外国からの侵攻に備える兵糧として、復活を遂げました。当時のパンは、保存性を重視した乾パンのようなものだったとか。ひもを通して腰にぶら下げられるよう、リング形のパンも作られていたようです。

4月12日はパンの日

兵糧パンが最初につくられたのが1842年の4月12日だったため、1982年パン食普及協議会によって4月12日は「パンの記念日」と制定されました。

1869年

あんぱんが人気商品になり
庶民の間にパンが浸透

現在の東京・新橋駅西口付近に、木村安兵衛が日本人として初めて「文英堂」(現在の木村屋總本店)というパン屋を開店。安兵衛と二代目の英三郎は、酒種パン生地の中にあんの入った「酒種あんぱん」を考案。1875年、中央に八重桜の塩漬けを埋め込んだ「桜あんぱん」が明治天皇に献上され、宮内庁御用達の商品となりました。

2コマ進む

1918年以降

ドイツやアメリカのパンが
日本でも作られるように

第一次世界大戦後、日本各地の収容所に引き取られたドイツ人捕虜の中に、パン職人もいました。彼らはその後、日本でベーカリーを開き、ドイツの製パン技術やドイツ式オーブンが日本に導入されます。同盟国のアメリカからは砂糖やバターの入ったやわらかいパンが伝わり、工場での大量生産も始まりました。

菓子パンが
続々登場

あんぱんが生まれてから約30年後、木村屋總本店からはジャムパン、新宿中村屋からはクリームパンが生まれ、一躍人気商品となりました。

カレーパンの誕生

深川常磐町の名花堂（現在はカトレア）がカツレツとカレーをヒントに「洋食パン」を考案。昭和2年に実用新案として登録されました。

1回休み

1939年以降

戦時中の食糧難で
日本国内からパンが消える

庶民の間で少しずつ認知されつつあったパンは、第二次世界大戦が始まると、再び姿を消すことになります。日本では食糧が配給制になり、パンの材料となる小麦粉も慢性的に不足するようになり、街なかでパンを見かけることはなくなりました。お米の代わりに乾パンのようなパンが配給されることはあったようです。

食糧難の頃の小麦粉

食糧が手に入りづらかった時代、少量の小麦粉にふすまやどんぐり粉、雑草などを混ぜ込んだものを小麦粉の代用品として使っていました。

1940年代～戦後

アメリカの援助物資により
パンの給食がスタート

第二次世界大戦後、食糧難の日本にアメリカから援助物資として小麦粉が届き、再びパンが作られるように。学校給食ではコッペパンや食パンが配給され、大量生産が可能なパン工場も次々とできました。1960年代になると、ライフスタイルの西洋化によって、ご飯と同じように主食としてパンが食べられる時代になりました。

現在

日本のパン食文化は
高品質でバラエティー豊か

現在の日本では、食パンや菓子パンを始め、世界各国のパンが作られています。最近では、米粉や大豆粉を使ったパンも登場し、パンは多様性を極める時代になりました。個人のベーカリーやカフェ、スーパーやコンビニなどあらゆる場所で、パンを手軽に買うことができます。

家庭でも手軽にパン作り

1980年代には、家電メーカーから、材料を入れるだけで自動的にパンが焼けるホームベーカリーが発売され、大ヒット商品となりました。

世界パンの旅

ヨーロッパのパン
EUROPE

フランスやドイツなど、パン大国の多い地域。小麦やライ麦といったシンプルな材料で作る食事パンや、バターやミルクをたっぷり使った菓子パンなど、パンの種類も多種多様です。実りの象徴とされているので、伝統行事やお祝いで焼かれるパンもあります。

アジアのパン
ASIA

米を主食にする地域ながら、パンの種類も多数。中東から伝来した無発酵の平たいパンの他、焼かずに蒸すパンも。日本では欧米から伝わったパンが色濃く根付いています。気候や風土が大きく異なるせいか、各国で独自のパン文化を持ちます。

アフリカ・中東のパン
AFRICA & THE MIDDLE EAST

パンや小麦の故郷といわれる地域です。そのため、原始的な発酵させないパンが多く残ります。食事と合わせることが多いので、お皿やフォークのようにおかずをのせたりすくったりできる平たいパンが主流です。

16世紀に鉄砲とともにヨーロッパから日本にやってきたパン。そのイメージからか、パンといえばフランスパンやイギリスパンなどヨーロッパのパンを思い浮かべる人が多いでしょう。しかし、日本でもあんぱんやカレーパンなど、独自のパン文化がはぐくまれています。
また、一見パンとはなじみがなさそうなアフリカや中東の地域でも、エキゾチックで個性的なパンが作られています。世界に数多くあるパンの種類は、国柄や風土が反映されていたり、味に趣味嗜好があらわれていたりと、実に様々。パンを知ることはその国の文化を知ることでもあるのです。
さあいざ、世界のパンを知る旅へ！

北米・南米のパン
NORTH & SOUTH AMERICA

多くの人種が暮らす北米は、パンのトレンドをリードする地域。ニューヨークを中心に、現地で火がつき日本でもヒットしたパンは数知れず。一方南米では小麦やライ麦以外の穀物を使ったパンも、よく食べられています。

フランスのパン

シンプルな生地から
多様な食感が生まれる

フランスのパンは、大きく3つのカテゴリーに分けることができます。伝統的な製法で作られたバゲットやバタールなどの「パン・トラディショネル」と、「ヴィエノワズリー」と呼ばれる副材料の多いリッチなパン、そして、田舎パンと呼ばれているパン・ド・カンパーニュなどの「パン・スペシオ」があります。

バゲットに代表されるパン・トラディショネルは、小麦粉にパン酵母、塩、水を加えたシンプルな生地で、小麦粉には、中力粉に近い小麦粉が使われます。日本ではフランスパン専用粉と呼ばれていますが、多くのパンに用いられる強力粉よりタンパク質が少ないため、全般的にクラスト（パンの外皮）が香ばしく、クラム（パンの中身）は軽い食べ口。粗熱がとれてからすぐに食べるのが理想です。同じ生地を使って様々な形状に作り分けるのも特徴で、同じ棒状のパンでもバゲット、バタール、パリジャン、フィセルなどたくさんの種類があります。生地の重さや焼き上がりの大きさ、形によって、クラストの面積やクラムの密度が違うため、もとは同じ生地でも、味わいは実にバラエティーに富んでいます。

一方、クロワッサンやブリオッシュなどに代表されるヴィエノワズリーは、おやつや週末の朝食にいただくちょっと贅沢なパンです。パン生地に卵や砂糖、バターなどの油脂を加えた贅沢な配合で、もともとは、ウィーンの菓子職人がフランスに伝えたとされています。

そしてパン・スペシオの代表格パン・ド・カンパーニュは、自然種の酵母でじっくり発酵させるため、独特の風味や香りがあり、バゲットなどに比べると日持ちがします。

香ばしいクラストを味わうためのパン

バゲット
Baguette

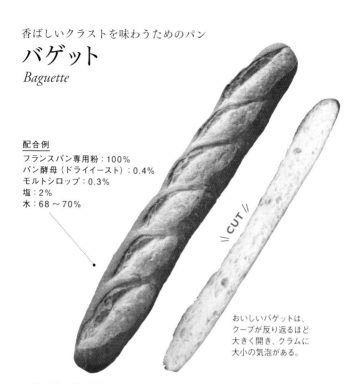

配合例
フランスパン専用粉：100%
パン酵母（ドライイースト）：0.4%
モルトシロップ：0.3%
塩：2%
水：68〜70%

\\ CUT \\

おいしいバゲットは、
クープが反り返るほど
大きく開き、クラムに
大小の気泡がある。

　基本的に小麦粉・パン酵母・塩・水のみで作られる、パン・トラディショネルの代表格。バゲットとは「杖」や「棒」を意味し、本場では全長60〜70cmほどで作られている。細長い形状なのでクラストの面積が多く、香ばしさとパリパリ感を存分に味わえる。材料がシンプルなぶん、作り手による差も出やすく、フランス人は好みの1本を求めてなじみのブーランジェリー（パン屋）に通う。焼きたてほどおいしいので、毎食ごとに買う人も珍しくない。18世紀半ばにはすでに作られていたようだが、バゲットの形が普及したのは1920年以降。パン職人の労働条件を守るため、朝4時前に働かせてはならないという法律ができ、朝食の時間帯に間に合わせるため、発酵時間も焼き時間も短くてすむ、棒状が広まった。

$$\text{DATA}$$

タイプ：リーン系	焼成法：直焼き
主要穀物：小麦粉	サイズ：長さ54×幅7×高さ4.7cm
酵母の種類：パン酵母（イースト）	重さ：257g

写真のパンが買える店：POMPADOUR（ポンパドウル）⇒ P.187

バゲット

毎日の食卓にのぼるバゲットは、ベーカリーの看板商品といえます。
粉、酵母、塩、水とシンプルな材料で作るぶん、店ごとの工夫やこだわりが光るパンです。
※特記のないものは、すべて税抜価格です。

VIRON

ヴィロン 渋谷店 ⇒ P.178
バゲット・レトロドール
1本／380円

本場フランスの
味を再現！

材料、製法や機材にいたるまで本場にこだわる。このバゲットのために作られた粉を使用し、香り高く、クラムは弾力がある仕上がりに。

使用小麦：レトロドール
酵母の種類：パン酵母
（生イースト）
製法：オーバーナイト法
その他：コントレックス（硬水）、
ゲランド塩使用

重さ
248g

49.3
cm

5cm   6.5cm

---

d'UNE rArETé

デュヌ・ラルテ
⇒ P.181
バゲット
1本／330円（税込）

どんな食事にも合う
万能選手

イーストの使用を少量にして長時間じっくり発酵させることで、小麦の味を最大限に引き出している。ほのかに甘く、様々な食事に合う。

使用小麦：スムレラT70、キタノカオリ、香麦
酵母の種類：パン酵母
（インスタントドライイースト）
製法：オーバーナイト法
その他：シママース使用

重さ
139g

30
cm

4.5cm   5.5cm

Toshi Au Coeur
du Pain

トシオークーデュパン
⇒ P.181
バゲット
1本／180円

テーマはフランス

イーストフードは不使用。フランスの味を再現するため、フランス産小麦を使用するなど、材料からこだわる。ふわふわのクラムは、毎日食べたくなる味。

使用小麦：メルベイユ
酵母の種類：パン酵母
（生イースト）、
ルヴァンリキッド、
パート・フェルメンテ
製法：非公開
その他：モルト使用

重さ
273g

53.8
cm

4.2cm   6cm

CHEZ BIGOT
SAGINUMA

ビゴの店 鷺沼
⇒ P.183
バゲット
1本／350円

パリッと感が
たまらない

長時間低温発酵により小麦の味がはっきり感じられ、食べごたえがある。クラストが香ばしく、パリパリとした食感を楽しみたい。

使用小麦：フランス産小麦
酵母の種類：パン酵母
（フランス産イースト）
製法：長時間低温発酵、
ストレート法

重さ
238g

60
cm

3.5cm   5.8cm

34

Baguette

TROISGROS

トロワグロ
⇒ P.181

バゲット
1本／345円（税込）

弾力あるクラストが
食べごたえあり

フランスのミシュラン三ツ星レストランと提携するブティックのバゲット。クラストが香ばしく、クラムは弾力がありしっかりとしたかみごたえ。

使用小麦：非公開
酵母の種類：非公開
製法：ストレート法

重さ
257g

60
cm

4.5cm　7cm

Boulangerie Django

ブーランジェリー・ジャンゴ　⇒ P.184
バゲット トラディション
1本／280円（税込）

話題の
古代小麦を配合

古代小麦のスペルト小麦を使用することで、風味豊かな仕上がり。袋を開けたとたんに、香ばしい香りが。かみごたえも十分。

使用小麦：ビスドール、キタノカオリ全粒粉、モンスティル、スペルト小麦
酵母の種類：自家製ルヴァン種、パン酵母（生イースト）
製法：オーバーナイト法
その他：ゲランド塩使用

重さ
189g

37.2
cm

4.7cm　6.8cm

Prologue plaisir

プロローグ プレジール
⇒ P.186
ショウヘイバゲット
1本／278円

目にも舌にも
おいしいバゲット

きれいなクープが入ったバゲットは、味も抜群。イーストの配合量を減らし、オーバーナイト法で小麦の甘みを強く感じる仕上がり。

使用小麦：モンブラン、ぼくらの小麦
酵母の種類：パン酵母（インスタントドライイースト）
製法：オーバーナイト法
その他：シママース使用

重さ
266g

55.5
cm

4.3cm　5.8cm

PAUL

ポール　⇒ P.186
バゲット フルート・アンシェンヌ
1本／313円（税込）

クラムと
クラストの
バランスが絶妙

19世紀のフランスの製法をそのまま受け継いだバゲットは、塩や水もこだわり、味を追求。薄めのクラストと、軽い口どけのクラムが絶妙。

使用小麦：フランス産小麦T-65
酵母の種類：パン酵母（イースト）
製法：ストレート法

重さ
209g

47
cm

4cm　5cm

ふんわりしたクラムをたくさん楽しめる

バタール

Bâtard

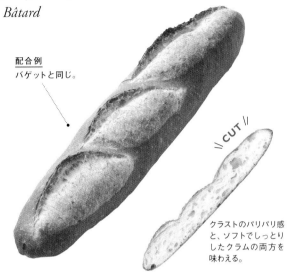

配合例
バゲットと同じ。

\\ CUT \\

クラストのパリパリ感と、ソフトでしっとりしたクラムの両方を味わえる。

　フランス語で「中間」と名付けられたバタールは、細身のバゲットと、ドゥ・リーブル（生地の重さ約1kg、全長約55cm）の中間にあたるサイズ。フランスではバゲットと並んでよく食べられている。基本の生地はバゲットと同じだが、バゲットより太く、基準の長さは40cmと短め。クープは3本前後入れることが多い。そして同じ生地でありながら味わいや食感はまったく異なる。バゲットがクラストを食べるパンだとすれば、バタールはクラムをたくさん食べたい人におすすめのパン。ふんわりした食感は、スープや様々なソース料理のつけ合わせに向く。厚めにスライスしてバターやジャムを塗ったり、スライスしてサンドイッチにも。フランスパンに慣れていない人でも食べやすく、日本でも親しまれている。

―――――――――（ DATA ）―――――――――

タイプ：リーン系	焼成法：直焼き
主要穀物：小麦粉	サイズ：長さ41×幅9×高さ6cm
酵母の種類：パン酵母（イースト）	重さ：265g

バゲットよりひと回り大きい「パリっ子」のパン

パリジャン
Parisien

配合例
バゲットと同じ。

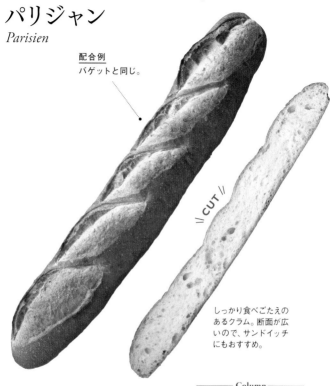

// CUT //

しっかり食べごたえのあるクラム。断面が広いので、サンドイッチにもおすすめ。

　正式には「パン・パリジャン」（パリのパン）といい、かつてはバゲットよりもこちらが主流だった。棒状のフランスパンとしては太めで長さの基準は68cm、クープを5〜6本入れる。厚切りにして、パリッとしたクラストとやわらかなクラムを楽しむ。

--- Column ---

バゲットの形は決まりがある？

かつてはクープ（P.173）が7本、重さ約350gというルールがあった。しかし今は自由化され、店のこだわりや流行などにより各店バラバラである。

=== DATA ===

タイプ：リーン系	焼成法：直焼き
主要穀物：小麦粉	サイズ：長さ53×幅9×高さ6cm
酵母の種類：パン酵母（イースト）	重さ：424g

写真のパンが買える店：POMPADOUR（ポンパドウル）　⇒ P.187

ひとりでも食べきれるサイズ感が魅力

フィセル

Ficelle

配合例
バゲットと同じ。

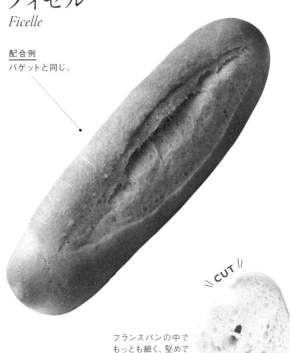

\\ CUT \\

フランスパンの中で
もっとも細く、堅めで
バリッとしたクラスト
が楽しめる。

　フィセルとはフランス語で「ひも」という意味。長さの基準は約
30cmと短め。フランスではバリッとしたクラストを好む人が多いため、
よりクラムの少ないパンとしてフィセルが生まれた。縦に切り目を入
れたり、水平にスライスしてサンドイッチに。

―――――(DATA)―――――

タイプ：リーン系	焼成法：直焼き
主要穀物：小麦粉	サイズ：長さ20×幅5.5×高さ4.5cm
酵母の種類：パン酵母（イースト）	重さ：71g

写真のパンが買える店：ボワ・ド・ヴァンセンヌ⇒ P.187

「2ポンド」を意味する重量感たっぷりのパン

ドゥ・リーブル

Deux Livres

配合例
バゲットと同じ。

　基本の生地重量が約850gと重い。長さの基準も55cmで、どっしりした形状なので、クラムもクラストもたっぷり味わえる。大きなかたまりで焼くため生地の水分が逃げず、食感はもっちり。スライスしてサンドイッチにしたり、食パンの代わりにも。

みずみずしいクラムを味わうには丸ごと1本買って、乾燥しないうちに食べきりたい。

DATA		
タイプ：リーン系		焼成法：直焼き
主要穀物：小麦粉		サイズ：長さ42.5×幅11×高さ7.5cm
酵母の種類：パン酵母（イースト）		重さ：562g

写真のパンが買える店：POMPADOUR（ポンパドウル）⇒ P.187

×××

「ボール」を意味する球形のフランスパン

ブール

Boule

配合例
バゲットと同じ。

　ブールという名前は、ブーランジェ（パン職人）やブーランジェリーの語源にもなった言葉。焼き時間の短い棒状のフランスパンが主流となる中、昔ながらの丸い形が愛され、ふんわりしたクラムを持ち味とする。クープをクロスさせて入れるのが特徴。

クラストは薄くて比較的ソフトな食感。スライスしてトーストやサンドイッチにも。

DATA		
タイプ：リーン系		焼成法：直焼き
主要穀物：小麦粉		サイズ：直径18×高さ8.3cm
酵母の種類：パン酵母（イースト）		重さ：279g

写真のパンが買える店：ブーランジェリー・パルムドール ⇒ P.184

「麦の穂」を手でちぎって食べるのが醍醐味

エピ
Epi

配合例
バゲットと同じ。

フランスではプレーンな生地が多いが、日本ではベーコンやチーズ入りも人気。

バゲットに代表される「パン・トラディショネル」と同じ生地を、棒状以外の形に成形した「パン・ファンテジー」のひとつ。生地は同じでも、形や大きさの違いによって食感や味わいが異なる。エピもそのうちのひとつだ。エピとはフランス語で「麦の穂」という意味で、細長く成形した生地に切り込みを入れ、左右互い違いに開いて焼いたもの。クラストもクラムも堅くて歯ごたえがあり、かめばかむほど小麦粉のうまみが引き出される。穂の先の尖った部分は特にカリッとして香ばしい。エピはナイフで切り分ける必要がなく、手でちぎって食べるのが一般的。大きさは、バゲットのように長いものから短いものまで様々。フランスでは、レストランで料理と一緒に提供されることも多い。

DATA

タイプ：リーン系	焼成法：直焼き
主要穀物：小麦粉	サイズ：長さ51×幅8.5×高さ5cm
酵母の種類：パン酵母（イースト）	重さ：259g

写真のパンが買える店：ブーランジェリー・パルムドール ⇒ P.184

キノコ形のひとり分プチパン

シャンピニオン

Champignon

配合例
バゲットと同じ。

\\ CUT \\

ふんわりした厚み
のあるクラムなの
で、スープやソー
ス料理にも合う。

　ころんと丸く成形した生地の上部に、円盤のように薄い生地をかぶせてキノコに見立てたパン。下側はやわらかいクラム、上側の「傘」の部分はカリッとした香ばしいクラストが楽しめる。小さなパンにバゲット1本分のおいしさが凝縮されており、食事パンにぴったり。

—— Column ——

その他の
パン・ファンテジー

棒状ではないパン・ファンテジーには他にも種類が。ブールやシャンピニオン、フォンデュなどがこれにあたる。

DATA

タイプ：リーン系	焼成法：直焼き
主要穀物：小麦粉	サイズ：直径8×高さ7.2cm
酵母の種類：パン酵母（イースト）	重さ：42g

みっちりした重みのあるクラムが特徴

フォンデュ
Fendu

🇫🇷 フランス

配合例
バゲットと同じ。

\\ CUT \\

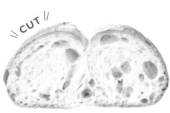

密度のある生地なので、薄くスライスしても食べごたえは十分。トーストなどに。

　フォンデュとは「割れ目」とか「双子」という意味。生地の中央に麺棒を置いてへこませ、ふたつの山がくっついたような形を作る。バゲット系の生地だが、クープを入れない分、みっちりと目の詰まったクラムに焼き上がり、小麦の風味と味わいをしっかり感じられる。

―― DATA ――

タイプ：リーン系	焼成法：直焼き
主要穀物：小麦粉	サイズ：長さ24×幅16×高さ8cm
酵母の種類：パン酵母（イースト）	重さ：283g

バゲットのおいしさを手軽に味わえる

クッペ
Coupe

配合例
バゲットと同じ。

クッペとは「切られた」という意味で、日本ではクーペと呼ばれることも。真ん中にクープを1本入れることで、外側はカリッと、クラムはやわらかくなる。バゲットのおいしさを食べきりサイズで堪能できる。成形がシンプルなので、家庭でも作りやすい。

\\ CUT \\

クラムがプクッとふくらんで、クープがきれいに割れているものがいい焼き具合。

DATA	タイプ：リーン系	焼成法：直焼き
	主要穀物：小麦粉	サイズ：長さ15×幅8.5×高さ6.5cm
	酵母の種類：パン酵母（イースト）	重さ：99g

×××

入れ物のようなユニークな形が特徴

タバチュール
Tabatiere

配合例
バゲットと同じ。

「タバコ入れ」という意味。丸めた生地のうち、3分の1を麺棒で薄くのばし、フタのようにかぶせて入れ物形にする。上部のカリカリ感と下部のやわらかさのバランスを楽しめるパンだが、大きさや生地の厚みによってその食感は異なる。丸形の他楕円形もある。

\\ CUT \\

小ぶりのサイズで焼いてあるものほど、クラストがカリッとしている。

DATA	タイプ：リーン系	焼成法：直焼き
	主要穀物：小麦粉	サイズ：長さ8.5×幅6×高さ5cm
	酵母の種類：パン酵母（イースト）	重さ：43g

写真のパンが買える店：ブーランジェリー・パルムドール ⇒ P.184

よく焼いた生地にバターがふんわり香る

クロワッサン

Croissant

\\ CUT //

美しい層があり、ひと口でパリパリッと崩れるくらいがいい焼き上がり。

配合例

フランスパン専用粉：100%	スキムミルク：3%
パン酵母（インスタントドライイースト）：2%	バター：10%
	卵：5%
砂糖：10%	水：50%
塩：2%	折り込み用バター：50%

　本場では朝食でよく食べるクロワッサン。サクサクの食感は、のばしたパン生地にバターをのせて何回も折り込んだ、生地とバターの層から生まれる。焼くと生地がふわっと持ち上がり、バターの層が溶けてパリッとした薄皮とソフトなクラムになる。バターの量は小麦粉の25〜50%が標準。もとはオーストリアで誕生。トルコ軍を撃退した記念に、トルコの旗印でもある三日月形のパンを焼いたのが始まりとされる。当時は、三日月を意味するキプフェルというハード系のパンだった。のちにマリー・アントワネットの嫁入りでフランスに伝わり、20世紀初めに現在の折り込み生地が考案された。フランスでは折り込み油脂にバターを使ったものはひし形、それ以外の油脂を使ったものは三日月形に成形されることが多い。

─ ⟨ **DATA** ⟩ ─

タイプ：リッチ系	焼成法：天板焼き
主要穀物：小麦粉	サイズ：長さ15×幅8×高さ6cm
酵母の種類：パン酵母（イースト）	重さ：42g

写真のパンが買える店：広島アンデルセン ⇒ P.183

甘党の朝食には欠かせない

パン・オ・ショコラ

Pain au chocolat

配合例
クロワッサンと同じ。

\\ CUT //

表面にスライスアーモンド
をのせる場合も。軽くあた
ためなおすとチョコが溶け
て焼きたてのようになる。

— Column —

**クロワッサンの
バリエーション**

チーズやウインナー、チョコレー
トを巻いたものなど、様々なバリ
エーションがある。近年日本では、
クロワッサン生地で作ったたい焼
きやドーナツなどの変わり種も。

　クロワッサン生地に、棒状のチョコレートを包んであり、フランスでは
朝食やおやつの定番。焼きたては特に格別で、サクサクの生地にとろけ
たチョコレートが絶妙にからむ。チョコレートの種類や分量によって味わ
いに差が出るので、好みのものを見つけたい。

――――〈 DATA 〉――――

タイプ：リッチ系	焼成法：天板焼き
主要穀物：小麦粉	サイズ：長さ11.5×幅9×高さ6.5㎝
酵母の種類：パン酵母（イースト）	重さ：61g

写真のパンが買える店：MAISON KAYSER（メゾンカイザー）　⇒ P.188

クロワッサン

幾重にも重なった繊細な層が美しいクロワッサン。その芸術的なパンは、
製法から選ぶ材料まで、パン職人の腕の見せどころです。

※特記のないものは、すべて税抜価格です。

---

itokito

イトキト ⇒ P.178

クロワッサン

1個／210円（税込）

いろいろなマリアージュを楽しめる

皮がしっかりとしてバリバリした
食感。あらゆるシチュエーション
で食べてもらえるように作ったと
いうだけあり、塩分がおさえめで
様々な食事と合いそう。

使用小麦：リストドオル、イーグル
酵母の種類：パン酵母
　（オリエンタルUS生イースト）
製法：オーバーナイト法

重さ 32g

7.8cm / 12cm / 5.8cm

ÉCHIRÉ MAISON DU BEURRE

エシレ・メゾン デュ ブール ⇒ P.178

クロワッサン・エシレ 50％ブール有塩／食塩不使用

1個／486円（税込）

バター好きにはたまらない！

原材料の50％がエシレ バターを
使った究極のクロワッサン。口に
ふくむとバターの芳醇な香りが
じゅわっと広がる。そのままで素
材の味わいを存分に楽しみたい。

使用小麦：小麦粉
酵母の種類：非公開
製法：非公開
その他：エシレバター使用

重さ 45g

8.8cm / 11cm / 6.1cm

Zopf

ツオップ ⇒ P.181

クロワッサン

1個／220円

発酵バターのうまみが際だつ

フランス産小麦に、発酵バターを
たっぷりと使用。バターの香ばし
さが食欲を刺激する。バリバリ感
が強めで、生地の甘みを存分に感
じられる。

使用小麦：Type 55
酵母の種類：パン酵母
　（生イースト）
製法：非公開
その他：発酵バター使用

重さ 46g

7cm / 12.5cm / 5cm

MAISON KAYSER

メゾンカイザー 高輪本店 ⇒ P.188
クロワッサン

1個／220円

香ばしい皮と生地の甘みが秀逸

特別製造の発酵バターを、ふんだんに生地に練り込んでおり、バターの芳醇な香りが広がる。皮はカリッと香ばしく、もっちりと甘みの強い生地が絶妙。

使用小麦：非公開
酵母の種類：ルヴァンリキッド
製法：非公開　その他：発酵バター使用

8 cm
16cm
6 cm
重さ 50g

Maison Landemaine

メゾン ランドゥメンヌ ⇒ P.188
クロワッサン フランセ

1個／490円

職人がひとつひとつ手作り

フランス最高級のバター、A.O.P認証モンテギューをたっぷり使用。すべて手作りで、バターも人の手で丁寧に折り込まれる。さくさく感と甘いバターの香りが美味。

使用小麦：ジェニュイン
酵母の種類：パン酵母（イースト）
製法：非公開　その他：発酵バター使用

9.5 cm
18cm
6.7 cm
重さ 80g

A.Lecomte

ルコント 広尾本店 ⇒ P.189
クロワッサン

1個／180円

発酵バターの香りに陶酔

老舗パティスリーが作ったクロワッサン。発酵バターを贅沢に使うことで、香りの際だつ仕上がりに。さくさくとかみごたえのある生地は、まるでパイ生地のよう。

使用小麦：非公開　酵母の種類：非公開
製法：非公開

7.5 cm
14cm
6.4 cm
重さ 62g

レーズンとカスタードがたっぷり！

パン・オ・レザン

Pain aux raisins

配合例
クロワッサンと同じ。
生地にレーズンとカ
スタードを巻き込む

\\ **CUT** //

サクサクした生地の
間にクリーミーな甘さ
が広がる。コーヒーと
の相性も抜群。

　クロワッサン生地にカスタードクリームを塗り、ラム酒などに漬け
たレーズンを巻き込んで、輪切りにして焼く。ブリオッシュ生地やパ
ン・オ・レ生地を使うことも。断面の渦巻き形からエスカルゴとも呼
ばれ、フランスでは朝食の菓子パンとして人気がある。

$$\boxed{\text{DATA}}$$

タイプ：リッチ系	焼成法：天板焼き
主要穀物：小麦粉	サイズ：直径14×高さ3.3cm
酵母の種類：パン酵母（イースト）	重さ：84g

写真のパンが買える店：MAISON KAYSER（メゾンカイザー） ⇒ P.188

ミルクが香る口あたりの優しいパン

パン・オ・レ
Pain au lait

配合例
強力粉：100%
パン酵母（ドライイースト）：1.2%
砂糖：12%
塩：1.6%
バター：16%
卵黄：8%
牛乳：68%

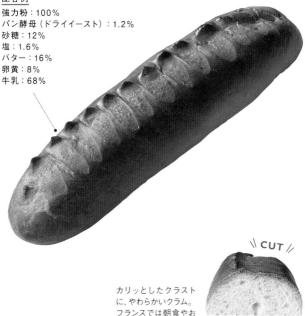

\\ CUT //

カリッとしたクラスト
に、やわらかいクラム。
フランスでは朝食やお
やつでおなじみ。

　水の代わりに牛乳でこね上げたパン。シンプルな食事パン系と、卵や
砂糖も加えた菓子パン系がある。楕円形に成形した生地に切り込みを入
れ、トゲのような形に焼き上げることから、パン・ピコ（トゲパン）とも
呼ばれる。トゲを作らずに、クープを入れる場合もある。

─────────(DATA)─────────

タイプ：リッチ系	焼成法：天板焼き
主要穀物：小麦粉	サイズ：長さ23.5×幅7×高さ4.5cm
酵母の種類：パン酵母（イースト）	重さ：137g

砂糖入りのパンとして長い歴史を持つ

ブリオッシュ・ア・テート

Brioche à tête

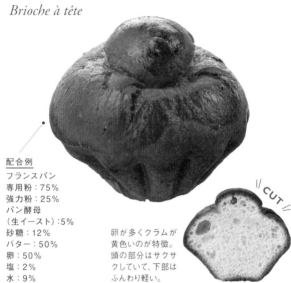

配合例
フランスパン
専用粉：75%
強力粉：25%
パン酵母
（生イースト）：5%
砂糖：12%
バター：50%
卵：50%
塩：2%
水：9%

卵が多くクラムが
黄色いのが特徴。
頭の部分はサクサ
クしていて、下部は
ふんわり軽い。

17世紀初めにノルマンディー地方で誕生。その後、パリを始めフランス各地に伝わり、土地ごとのレシピで作られるようになった。アルザス地方の発酵菓子「クグロフ」も、ブリオッシュが原型とされる。お菓子として位置づけられていた時代もあり、マリー・アントワネットが言ったとされる「パンがないならお菓子を食べればいいのに」という言葉も、実はブリオッシュのことを指しているとか。現在は数種類のバリエーションがあり、僧侶をかたどったブリオッシュ・ア・テートはその代表格。生地を球形に丸め、上側4分の1の部分にくびれをつけて頭（テート）の形に整え、花びら形のブリオッシュ型に入れて焼く。バターの風味とやわらかい食感を楽しめる。レーズンやヘーゼルナッツでコクや食感を加えることも。

=== DATA ===

タイプ：リッチ系	焼成法：型焼き
主要穀物：小麦粉	サイズ：直径6.5×高さ6.8cm
酵母の種類：パン酵母（イースト）	重さ：35g

写真のパンが買える店：VIRON（ヴィロン）⇒ P.178

円柱形に焼き上げたブリオッシュ

ブリオッシュ・ムスリーヌ
Brioche mousseline

<u>配合例</u>
ブリオッシュ・
ア・テートと
同じ。

　ムスリーヌという名前は、軽やかな薄地の織物「モスリン」に由来する。円柱形の型で焼くため生地が縦方向にのび、ふんわりなめらかなクラムに焼き上がる。上側のクラストは厚めでさっくり。フランス料理ではソーセージやフォアグラにこのパンを添えて食べる。

\\ CUT /

半日ほど置いてからのほうがおいしい。大きいものはスライスして食べることも。

DATA	タイプ：リッチ系	焼成法：型焼き
	主要穀物：小麦粉	サイズ：直径11×高さ10cm
	酵母の種類：パン酵母（イースト）	重さ：283g

×××

小さなパンをパウンド型に詰め込んで

ブリオッシュ・ド・ナンテール
Brioche de Nanterre

　パリ郊外の都市、ナンテールの名前がついたブリオッシュ。小さく丸めた8つの生地を、長方形の型に入れて焼く。他のブリオッシュに比べると、成形が簡単で家庭でも作りやすい。大きなサイズで焼き上げるため生地の水分が逃げず、しっとりしたクラムになる。

<u>配合例</u>
ブリオッシュ・
ア・テートと
同じ。

\\ CUT /

厚くスライスしたり、つなぎ目の部分から手でちぎって食べる。

DATA	タイプ：リッチ系	焼成法：型焼き
	主要穀物：小麦粉	サイズ：長さ18×幅8.5×高さ8cm
	酵母の種類：パン酵母（イースト）、	重さ：432g
	ルヴァン種	

写真のパンが買える店：ブレッド＆タパス 沢村 広尾 ⇒ P.185

ライ麦粉を加える素朴な味のパン

パン・ド・カンパーニュ

Pain de campagne

__配合例__
フランスパン専用粉
：90%
ライ麦粉：10%
発酵種
（ルヴァン）
：170%
パン酵母
（ドライイースト）
：0.4%
モルトシロップ
：0.3%
塩：2%
水：78%

\\ CUT //

クラムは目が粗く、不揃いな
気泡がある。クラストの表面
にふってあるのはライ麦粉。

パリ近郊で昔から作られていた、田舎風（カンパーニュ）のパン。その素朴な味わいが好まれ、パリでも作られるようになったという。ライ麦を10%ほど加えた生地を、ルヴァン種という自然種でゆっくり発酵させるのが伝統的な製法。少し酸味があり、バゲットに比べると日持ちもいい。クラストはしっかり焼き込まれて香ばしく、クラムには大小の気泡があり、しっとりしている。形は丸形やなまこ形、棒状などいろいろある。サイズも様々だが丸形は直径20〜40cmくらいが多いようだ。最終発酵の段階で、バヌトンと呼ばれる籐カゴに生地を入れて発酵させることもあり、こうすると表面に渦巻きの模様ができて、形も均一に焼き上がる。スライスしてトーストにしたり、サンドイッチにも合う。

DATA

タイプ：リーン系	焼成法：直焼き
主要穀物：小麦粉	サイズ：長さ22×幅18.9×高さ12cm
酵母の種類：ルヴァン種、パン酵母	重さ：1039g

写真のパンが買える店：PAUL（ポール）⇒ P.186

昔ながらの製法で作る野趣あふれるパン

パン・オ・ルヴァン

Pain au levain

配合例
フランスパン専用粉：80%
ライ麦全粒粉：20%
ルヴァン種：24.8%
塩：1.8%
水：55.7%

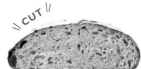

歯ごたえのあるクラストに、
しっとりしたクラム。酸味があ
るのでチーズやハムと合う。

　自然種からおこした発酵種で作る。生地の管理に手間がかかるぶん、
職人のこだわりが詰まったパンといえる。自然酵母ならではの風味がある。
また、酵母の力で生地が酸性になるため腐敗もしにくい。おいしさは1週
間ほど変わらない。

DATA

タイプ：リーン系	焼成法：直焼き
主要穀物：小麦粉	サイズ：直径21×高さ8cm
酵母の種類：ルヴァン種、ルヴァンリキッド、	重さ：784g
レーズン種	

写真のパンが買える店：ブレッド&タパス 沢村 広尾 ⇒ P.185

高加水によるみずみずしい食感

パン・ド・ロデヴ

Pain de Lodève

配合例
フランスパン専用粉：70%
強力粉：30%
ルヴァン種：30%
モルトシロップ：0.2%
塩：2.5%
水：88%

\\ CUT \\

クラストは厚くて香ばしい。大きな気泡
が少数あるのがいい焼き上がり。

　南フランスの街、ロデヴで誕生したパン。他に類を見ないほど生
地に多くの水を加え、発酵後、成形せずに焼く。クラストはパリッと
し、クラムはもちもちしてしっとり。昔はパイヤスという柳のカゴで発
酵させていたことから、本場では「パン・パイヤス」と呼ばれる。

━━━━━━━━ DATA ━━━━━━━━

タイプ：リーン系　　　　　　　　　焼成法：直焼き
主要穀物：小麦粉　　　　　　　　　サイズ：直径29×高さ8cm
酵母の種類：ルヴァンリキッド、レーズン種　　重さ：808g

写真のパンが買える店：ブレッド＆タパス 沢村 広尾 ⇒ P.185

54

ライ麦の比率によって名前が異なるパン

パン・ド・セーグル

Pain de seigle

<u>配合例</u>
ライ麦粉：100%
グルテン：7.5%
塩：2.2%
生イースト：2.2%
水：80%
パートフェルメンテ：75%

ライ麦ならではの酸味があるので、シーフードやチーズ、ハムなどにぴったり。

　フランスのライ麦パンは、ライ麦の配合率によって名前が異なり、ライ麦率65%以上のものをパン・ド・セーグルと呼ぶ。ドイツのライ麦パンに比べてクラムにふくらみがあり、食感もそれほど重くないのが特徴。生地にクルミやイチジクを入れることもある。

╾─────────────(DATA)─────────────╼

タイプ：リーン系	焼成法：直焼き
主要穀物：小麦粉、ライ麦粉	サイズ：直径11.8×高さ8.5cm
酵母の種類：パン酵母（イースト）	重さ：298g

写真のパンが買える店：VIRON（ヴィロン）⇒ P.178

食物繊維たっぷりでヘルシー

パン・コンプレ

Pain complet

🟦 フランス

<u>配合例</u>
全粒粉：70％
フランスパン専用粉：30％
パン酵母（ドライイースト）：1％
パートフェルメンテ：15％
水：70％

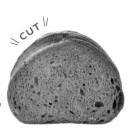

角型で焼いたものや、
なまこ形に成形したも
のなどがある。

　小麦を丸ごと挽いた全粒粉で作るパン。外皮や胚芽が含まれ、ビタミン、ミネラルなどが豊富なことから、フランス語で「完全なパン」と名付けられた。全粒粉の割合が多いほど、重たいクラムになる。スライスしてトーストすると、さらに香ばしい。

══ DATA ══

タイプ：リーン系	焼成法：直焼き
主要穀物：小麦粉（全粒粉）	サイズ：長さ16×幅9.5×高さ7cm
酵母の種類：パン酵母（イースト）	重さ：300g

写真のパンが買える店：VIRON（ヴィロン）⇒ P.178

クルミがたっぷり入った人気パン

パン・オ・ノア

Pain aux noix

配合例
パン・コンプレと
同じ生地に、クル
ミを混ぜ込む。

\\ CUT \\

カリッとしたクルミが
生地にゴロゴロ入って
いるのが美味。

　ローストしたクルミを混ぜ込んだパン。フランスの地域ごとにレシピが
あり、バゲット系のシンプルな生地を始め、全粒粉やライ麦入り、砂糖
の入ったソフトな生地など、様々なクルミパンが作られている。クルミの
他ドライフルーツを加えることも。

―――――――――――――(DATA)―――――――――――――

タイプ：リーン系	焼成法：直焼き
主要穀物：小麦粉	サイズ：長さ19.2×幅5.3×高さ3.8cm
酵母の種類：パン酵母（イースト）	重さ：107g

57

■■ フランス

ざっくり、しっとりした素朴な味わい

パン・リュスティック

Pain rustique

配合例
フランスパン専用粉
：100%
パン酵母
（インスタントドライ
イースト）：0.4%
モルトシロップ
：0.2%
塩：2%
水：72%

\\ CUT //

気泡が大きく目が粗い
のが特徴。クラストがパ
リッと乾燥している焼
きたてがおいしい。

　リュスティックとは「野趣的な」、あるいは「素朴な」という意味。
このパンが誕生したのは1983年で、元フランス国立製粉学校教授
レイモン・カルヴェルが考案した。小麦粉、塩、水、酵母で作るバ
ゲットの生地をベースにして作られているが、水分量がかなり多いた
め生地の扱いが難しい。そのため、最終発酵では丸めたり成形した
りもせず、発酵した生地をスケッパーでざくざくカットして、そのまま
焼き上げる。生地の酸化が最小限におさえられるので、クラムが黄
色味を帯び、水分を抱き込んでもっちり仕上がり、かめばかむほど
小麦のうまみを感じられる。食事用のパンとして料理やスープと一緒
に食べる。みずみずしいクラムは、特にペーストやテリーヌなど味の
濃い料理と相性がいい。

（ DATA ）

タイプ：リーン系	焼成法：直焼き
主要穀物：小麦粉	サイズ：長さ10.5×幅9×高さ6cm
酵母の種類：パン酵母（イースト）	重さ：93g

写真のパンが買える店：BOULANGERIE LA SAISON
　（ブーランジュリー　ラ・セゾン）⇒P.184

歯ごたえのあるクラストをかみしめるパン

フーガス

Fougasse

配合例
強力粉：70%
薄力粉：30%
パン酵母
（インスタントドライ
イースト）：1.6%
砂糖：2.3%
塩：1.6%
オリーブ油：5%
水：60%

\\ CUT //

少しずつちぎり、じっくりかみしめ
ると粉の香りとうまみが引き出さ
れる。写真はオリーブ入り。

　フーガスとはラテン語で「灰焼きパン」という意味。南フランスのプロ
ヴァンス地方に伝わるパンで、その起源は古代ローマ時代、炉端で焼
かれていた平たいパンともいわれている。日本でよく見かけるのは葉っぱ
形のもの。バゲットの生地をまずは平らにのばし、生地のところどころに
切り込みを入れて穴をあけると、葉っぱのような形になる。他にも、細長
い四角形など様々な形のフーガスがあるが、どれも平べったく、クラム
の量が少ない点は共通している。食事パンというよりは、かみごたえのあ
るおつまみとして、少しずつ味わうのがおすすめ。プレーンな生地の他、
オリーブやハーブ、クルミなどを混ぜ込んだ生地でも作られている。ほん
のり塩気があるので、ビールやワインとのマリアージュを楽しみたい。

―――――――――(DATA)―――――――――

タイプ：リーン系	焼成法：天板焼き
主要穀物：小麦粉	サイズ：長さ26.5×幅22×高さ2.5cm
酵母の種類：パン酵母（イースト）	重さ：231g

写真のパンが買える店：VIRON（ヴィロン）⇒ P.178

きめ細かなクラムを味わうフランスの食パン

パン・ド・ミ

Pain de Mie

🇫🇷 フランス

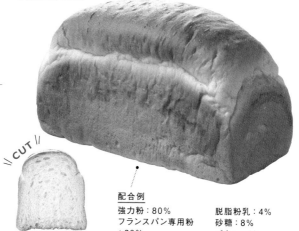

\\ CUT \\

焼き上がりから1〜2時間経つと、生地が落ち着くためスライスしやすい。

配合例

強力粉：80%
フランスパン専用粉：20%
パン酵母（生イースト）：2.5%
塩：2%

脱脂粉乳：4%
砂糖：8%
バター：5%
ショートニング：5%
水：70%

　パン・ド・ミの「ミ」は中身のこと。バゲットがクラストのパリパリ感を楽しむパンであるのに対し、ふんわりしたクラムを食べたいときにチョイスしたいパン。1900年代にイギリスから製法が伝わったとされるが、イギリスの食パンより砂糖や油脂が多く、ほのかな甘みが特徴。クラムをしっとりさせるため、フランスパン用の小麦粉と強力粉をブレンドして使うこともある。焼き上がりの形は店によって違いがあり、型にフタをして角食パンの形に仕上げることもあれば、フタをしないで山形の食パンにすることも。焼きたてはカットしづらい。そのまま食べたり、軽くトーストしてもおいしい。フランスでは薄くスライスしてハムとチーズを挟み、ベシャメルソースを塗ってクロックムッシュを作ることも多い。

◁ DATA ▷

タイプ：リーン系	焼成法：型焼き
主要穀物：小麦粉	サイズ：長さ18.5×幅8×高さ11cm
酵母の種類：パン酵母（イースト）	重さ：282g

イタリアのパン

地域色を生かした
個性的なパンも

イタリアというとパスタの印象がありますが、パンの種類も豊富でよく食べられています。南北に細長い地形から、各地域で収穫される農作物や食文化と結びつき、古代ローマ時代から様々なパンが作られてきました。

イタリアのパンは全体的に、塩分が少ないのが特徴です。そのため、パンだけを食べると少し物足りなさを感じるかもしれません。

それは、イタリア料理は味付けが濃いため、食事パンはあっさりしたものが中心だからです。家庭やカジュアルなレストランなら、お皿に残ったソースをパンでぬぐって食べたりもします。イタリアのサンドイッチ"パニーニ"のように、パンに具を挟んで食べるのも人気。

シンプルな食べ方としては、パンにオリーブ油をつけるのも定番で、これもイタリアならではの味わい方といえるでしょう。中にはフォカッチャのように、オリーブ油を生地に加えた香り豊かなパンもあります。パンもまた、イタリア料理の一部なのです。

オリーブ油の風味が広がる伝統の平焼きパン

フォカッチャ

Focaccia

厚めのクラストは香ば
しくて歯切れがいい。
弾力のあるクラムに
は細かい気泡が。

CUT

<u>配合例</u>
中力粉：80%
デュラムセモリナ粉
：20%
パン酵母
（ドライイースト）：1%
オリーブ油：5.3%
塩：2%
水：60%

　フォカッチャは「火で焼いたもの」という意味で、古代ローマ時代から伝わるイタリアの伝統的なパン。生地にオリーブ油が入っているため香りと風味があり、口あたりがさくっとしているのが特徴。焼く直前、成形した生地の表面にさらにオリーブ油を塗り、指でくぼみをつけることで平らに焼き上げる。発祥の地は北部のジェノヴァとされるが、歴史が古いだけあって、これまでにイタリア各地で様々なフォカッチャが作られてきた。定番は、オリーブやローズマリー、岩塩、ドライトマトなどをトッピングしたもの。砂糖やバターをのせた「フォカッチャ・ドルチェ」もある。日本では小さな丸形も多いが、イタリアでは大きなスクエア形に焼き、切り分けて食べることも多い。スティック状にカットしておつまみにも。

DATA

タイプ：リーン系	焼成法：天板焼き
主要穀物：小麦粉	サイズ：長さ13.5×幅13.5×高さ6cm
酵母の種類：パン酵母（イースト）	重さ：275g

スリッパのように平たいイタリアの人気パン

チャバッタ
Ciabatta

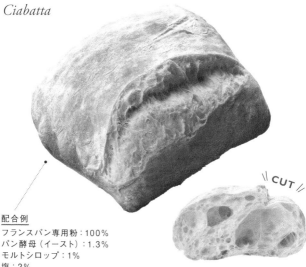

\\ CUT //

配合例
フランスパン専用粉：100%
パン酵母（イースト）：1.3%
モルトシロップ：1%
塩：2%
水：80%

大きな気泡があるのがいい焼き上がりのしるし。水平にカットしてパニーニにしても。

　北部のポレシーネ地方で誕生し、イタリア全土で親しまれている。細長くて平らな形から、イタリア語の「スリッパ」という名前がついた。手のひらサイズに成形したものは、「チャバッティーニ」と呼ばれている。昔はコシの強いパスタ用硬質小麦で作られていたが、現在はフォカッチャなどと同じ小麦粉で作る。水分の多い生地を十分こね、なめらかでのびのある生地にしたら、できるだけ負担をかけないようにやさしく成形して焼き上げる。生地をじっくり発酵させることで、大きな気泡のあいた粗いクラムに仕上がる。パリッとしたクラストと、もっちりみずみずしいクラムが特徴。日本ではチャバッタを使ったサンドイッチが多いが、イタリアでは塩を加えたオリーブ油をつけて、そのまま食べたりもする。

〔 **DATA** 〕

タイプ：リーン系	焼成法：直焼き
主要穀物：小麦粉	サイズ：長さ17×幅14.5×高さ9.5cm
酵母の種類：パン酵母（イースト）	重さ：187g

写真のパンが買える店：パーネ エ オリオ ⇒ P.182

クラッカーのようなスティック状の乾パン

グリッシーニ

Grissini

\\ CUT //

■ イタリア

配合例

フランスパン
専用粉：100%
パン酵母
（生イースト）：3%
オリーブ油：12%
バター：10%
塩：2%
水：52%

水分が少ないので、クラムも堅め。手でポキポキ折って口に運ぶのが上品な食べ方。

　17世紀、北西部のピエモンテ州トリノで生まれたイタリアの名物パン。一説によると、この地域を治めていた王家に病弱な子どもがいて、食事療法としてシェフが考案したのが、消化のいいグリッシーニだった。のちに、ナポレオンはこのパンを「小さいトリノの棒」と呼び、トリノから取り寄せて食べていたという。焼いたパンをさらに乾燥させるため水分がほとんどなく、スナックのようにカリカリし、長期間の保存が可能。現在は工場生産が増え、一般的には25cm前後で作られているが、その一方、個性的な手作りのグリッシーニも健在。短いものだと16cm、長いものでは75cmまであるとか。イタリアのレストランでは最初に運ばれてくる卓上パンとしてもおなじみ。塩がきいているので食前酒のおつまみになる。

アジア

アフリカ・中東

北米・南米

(DATA)

タイプ：リーン系	焼成法：直焼き
主要穀物：小麦粉	サイズ：長さ49×幅1.5×高さ1.3cm
酵母の種類：パン酵母（イースト）	重さ：14g

写真のパンが買える店：パーネ エ オリオ ⇒ P.182

ハード系の生地で作る、ローマのテーブルロール

ロゼッタ
Rosetta

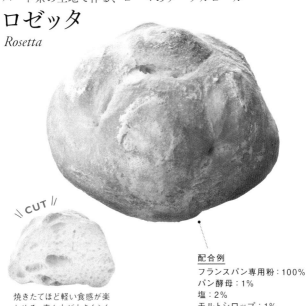

\\ CUT //

焼きたてほど軽い食感が楽しめる。真ん中が大きくふくらんでいるものを選んで。

配合例
フランスパン専用粉：100％
パン酵母：1％
塩：2％
モルトシロップ：1％
水：52％

　ローマの家庭では、朝食や昼食によく登場する。ミラノやヴェネチアでは「ミケッタ」と呼ぶ。イタリアがオーストリアの支配下にあった時代、北部のロンバルディア州で作られたのが始まりとか。そのため、オーストリアのカイザーゼンメル（P.116）というパンに似ている。押し型でバラの形に成形することから、イタリア語でバラを意味する「ロゼッタ」という名前がついた。粘りのもとになるグルテンをカットする製法が用いられる。そして、こね上げた生地を十分に発酵させ、蒸気を入れたオーブンで焼くことで内側に空洞を作り、パリッとしたクラストになる。オリーブ油をつけて食べるのが一般的だが水平にスライスして肉料理やサラダに盛りつけたり、パニーニのように具を挟んでもいい。

―――――――――(DATA)―――――――――

タイプ：リーン系	焼成法：直焼き
主要穀物：小麦粉	サイズ：長さ9.8×幅9.5×高さ7.9cm
酵母の種類：パン酵母（イースト）	重さ：76g

写真のパンが買える店：パーネ エ オリオ ⇒ P.182

王妃が愛したナポリ・ピッツァの王道

ピッツァ・マルゲリータ

Pizza Margherita

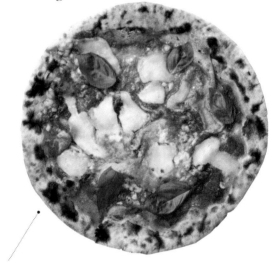

配合例

フランスパン専用粉：80%　　塩：1.4%
全粒粉小麦粉：20%　　　　　オリーブ油：5%
パン酵母（生イースト）　　　パートフェルメンテ：33.4%
：1.4%　　　　　　　　　　　水：52%

\\ CUT //

真ん中はやわらかく、
縁の部分はふくれて焦
げ目がついているのが
おいしい焼き上がり。

　ピッツァの原型はフォカッチャ（P.62）に食材をのせたもの。17世
紀頃、パンにトマトをのせたピッツァが登場。その後マルゲリータ王
妃がバジル・トマト・モッツァレッラチーズのイタリア国旗を思わせ
る組み合わせを気に入り、王妃の名が付いたという。

―――――――――― (DATA) ――――――――――

タイプ：リーン系	焼成法：直焼き
主要穀物：小麦粉	サイズ：直径28×高さ1.2cm
酵母の種類：パン酵母（イースト）	重さ：312g

写真のパンが買える店：Prologue plaisir
（プロローグ　プレジール）⇒ P.186

トスカーナで生まれた塩を入れないパン

パーネ・トスカーノ
Pane Toscano

配合例
強力粉：100%
ビール酵母：5%
水：60%

\\ CUT //

塩や油脂などがいっさい入ってないので、小麦の香りが強く感じられる。

　イタリア中央部のトスカーナ地方で生まれたパン。塩気の強いトスカーナ料理と食べるため、塩を使わず、シンプルに粉と酵母と水だけで作る。残り野菜とあまって堅くなったパンで作るトスカーナ名物のスープ、リボッリータに使われることが多い。

―――――――――――――――(DATA)―――――――――――――――

タイプ：リーン系	焼成法：直焼き
主要穀物：小麦粉	サイズ：長さ17×幅15×高さ6cm
酵母の種類：ビール酵母など	重さ：349g

写真のパンが買える店：ブーランジェリーブルディガラ ⇒ P.184
※ブーランジェリーブルディガラでは、塩を入れて焼き上げています。

口どけのなめらかなクリスマス用の発酵菓子

パネトーネ

Panettone

配合例
強力粉：100%
パネトーネ種：30%
砂糖：30%
塩：0.8%
バター：60%
卵黄：35%
水：32%
サルタナレーズン：50%
オレンジピール：30%
レモンピール：10%

\\ CUT //

紙製のケースごと縦に
ナイフを入れて、食べ
やすく切り分ける。

　フルーツの砂糖漬けを加えた菓子パン。パネトーネ種という伝統製法の酵母に、卵、バター、砂糖などを配合した生地を発酵させて、独特の味と香りを引き出す。もとはミラノ発祥のクリスマスの祝い菓子で、イタリアには気に入った店のパネトーネを知人や親戚に贈る習慣がある。最近は朝食やおやつとして1年中おなじみの存在。形は背の高い円筒形がよく知られているが、マフィンほどの小さな「パネトンチーノ」、表面をマカロン生地で覆った「パネトーネ・マンドルラート」などのバリエーションも。名前の由来は諸説あるが、有名なのは「トニーのパン」からきている説。ミラノの貧しい菓子店主・トニーの娘に恋した青年がこのパンを考案し、トニーの店で売られ店を繁盛させ娘とも結婚した、と伝わっている。

DATA

タイプ：リッチ系	焼成法：型焼き
主要穀物：小麦粉	サイズ：直径12.5×高さ15cm
酵母の種類：パネトーネ種	重さ：510g

写真のパンが買える店：パーネ エ オリオ ⇒ P.182

黄金色のクラムが美しいクリスマスの発酵菓子

パンドーロ

Pandoro

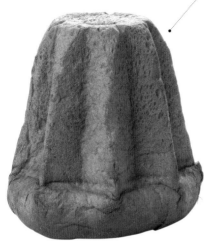

配合例
フランスパン専用粉：100%
パネトーネ種：20%
パン酵母：0.6%
砂糖：35%
塩：0.9%
ハチミツ：4%
バター：33%
カカオバター：2%
全卵：60%
卵黄：5%
牛乳：12%

\\ **CUT** //

ナイフを縦に入れて切り分ける。食べる前に粉砂糖をたっぷりふりかけることも。

　伝統的なクリスマスの発酵菓子。その誕生は18世紀頃、ヴェローナに伝わる星形のお菓子が変化した、という説がある。庶民が黒パンを食べていた時代、貴族だけが食べることを許された黄金色のパンは、「黄金のパン（パーネ・デ・オーロ）」と呼ばれていたという。ドライフルーツなどは入れず、卵とバターをたっぷり使用したクラムはカステラのようにやわらかく、しっとりしている。焼くときには星形の型を使用。見た目もきれいだが、ひだがあることで、大きいサイズでも熱が均一に通るというメリットがある。また、店によっては直径9cmほどの小さな「パン・ドリーノ」も作られている。最近は工場生産が増えているが、昔ながらの自然種の酵母を使用したパンドーロは生地が堅くなりにくく、より日持ちする。

《 DATA 》

タイプ：リッチ系	焼成法：型焼き
主要穀物：小麦粉	サイズ：直径13.8×高さ16cm
酵母の種類：パネトーネ種	重さ：485g

写真のパンが買える店：パン酵母シーバー ⇒ P.182

GERMANY

ドイツのパン

バラエティー豊かな
ライ麦パンが主流

　ドイツはいわずと知れたパン王国で、ひとり当たりのパンの年間消費量もヨーロッパでトップクラス。パンの種類は主なもので約200種類、小さなものまで合わせると1200種類にものぼります。どっしりとしたライ麦パンが有名ですが、実際には小麦粉とライ麦粉をミックスしたパンも多く、酸味の程度や味わいもかなりのバリエーションがあります。

　これには地域性も関係しており、寒冷な北部地域では、こってりした料理に合う酸味の強いパンが好まれています。南部では小麦の栽培が盛んなため、小麦粉がメインのパンも多く作られています。

　ドイツのライ麦パンに不可欠なものといえば、何といってもサワー種の存在。これはライ麦粉を発酵させた生地のことで、パン酵母と併用します。サワー種がパン生地と一体になることで、ドイツのライ麦パンならではの味や香りが加わるのです。本場では、代々受け継がれてきたサワー種にライ麦粉を継ぎ足して使うパン屋も多く、まさにその店の味を決める大切な要素となっています。

　ドイツのライ麦パンは、生地に使用する粉の配合によって呼び方が異なります。もっともポピュラーなのは、小麦粉とライ麦粉を同量混ぜた「ミッシュブロート」。ミッシュは「混ぜる」、ブロートは「パン」という意味です。そして、ライ麦パンの中でも小麦粉の比率が多いものは「ヴァイツェン（小麦）ミッシュブロート」、逆に、ライ麦粉の比率が多いものは「ロッゲン（ライ麦）ミッシュブロート」と呼ばれます。覚えておくと、どんな粉を使ったパンなのかを知るヒントになります。

小麦粉がメインのふんわりしたライ麦パン

ヴァイツェンミッシュブロート

Weizenmischbrot

\\\\ CUT \\

配合例

フランスパン専用粉：70%
全粒粉ライ麦粉：21%
乾燥サワー種：9%
パン酵母（インスタント
ドライイースト）：0.5%
塩：2%
水：66%

弾力のあるクラム。あたた
めるとライ麦の香りがほ
どよく引き出される。

　種類が豊富なドイツのライ麦パンの中で、ヴァイツェンミッシュブロート
は小麦粉の比率が高く、酸味や香りが控えめ。どんな料理にも合い、ラ
イ麦パン初心者でも食べやすいパンだ。ヴァイツェンは「小麦」、ミッシ
ュは「混ぜる」という意味で、小麦粉を主体に、ライ麦粉を10～40%配
合して作られている。クラムにボリュームや弾力も出て、しっとりしている。
形は大きななまこ形が定番で、クープを数本入れたものが多い。小麦粉
の割合が多いほど、色が白く、ふっくらしたクラムになる。パン自体の風
味を楽しむなら、薄めにスライスして軽くトーストし、バターやジャムを塗
るのがおすすめ。また、歯切れのよさを活かしてサンドイッチにしたり、
リエットやアンチョヴィなどこってりした食べものをのせて食べても。

DATA

タイプ：リーン系	焼成法：直焼き
主要穀物：小麦粉、ライ麦粉	サイズ：長さ29×幅13.5×高さ8cm
酵母の種類：サワー種、パン酵母	重さ：457g

写真のパンが買える店：ドイツパンの店 タンネ ⇒ P.181

小麦粉とライ麦粉を同率でブレンド

ミッシュブロート

Mischbrot

配合例

フランスパン専用粉：50%
ライ麦粉：30%
ライ麦粉サワー種
：37%（内ライ麦粉：20%）
生イースト：1.8%
塩：2%
水：52%

味の濃い料理とも合わせやすく、ドイツでは昼食や夜に食べることが多い。

　ミッシュブロートとは「ミックスしたパン」という意味。小麦粉とライ麦粉を同じ分量ずつ配合した大型の食事パンで、なまこ形、もしくは円形に作ることが多い。クープは斜め方向に入れたり、真横に数本入れたり、もしくは入らない場合もある。ライ麦の風味もしっかり感じられるパンだが、粉の半量は小麦粉なので、酸味は比較的マイルドなほうといえるだろう。みっちりしたクラムにはほどよい弾力もあり、口あたりはしっとりしている。日々の食事パンとしてシンプルにバターをつけて食べたり、ハムやチーズなどを挟んでサンドイッチを作るのもおすすめ。また、ライ麦のコクと香りはお酒にも合う。本場ではビールやワインを飲みながら、おつまみのような感覚で食べることも多いとか。

⬢ DATA ⬢

タイプ：リーン系	焼成法：直焼き
主要穀物：小麦粉、ライ麦粉	サイズ：直径15×高さ5.3cm
酵母の種類：サワー種、パン酵母	重さ：409g

写真のパンが買える店：ホーフベッカライ エーデッガー・タックス ⇒ P.186

ライ麦粉の比率が6〜9割のどっしりしたクラムが特徴

ロッゲンミッシュブロート
Roggenmischbrot

配合例
フランスパン専用粉：35%
ライ麦粉：40%
サワー種：45%
（内ライ麦粉：25%）
パン酵母
（生イースト）：1.7%
塩：1.7%
水：48〜50%

\\ CUT //

ライ麦が多いほど薄くスライスする。5〜10mmくらいでも十分食べごたえがある。

　小麦粉とライ麦粉を混合したミッシュブロートと呼ばれるパンの中で、ライ麦粉の比率が多いパンは、ライ麦を意味する「ロッゲン」が名前の頭につく。寒冷なドイツ北部では小麦の栽培が難しいため、昔から、このようなライ麦主体のパンが作られていた。現在はドイツ全土でおなじみとなっている。ライ麦の比率が多いほど、色の黒い、酸味が力強いパンに仕上がる。とはいえ、ライ麦粉100%のパンに比べるとクセが少ない。おいしく味わうには、濃厚な酸味に負けない味に主張のある食材を合わせて、例えばローストビーフとピリッとしたクレソンを挟んだサンドイッチなどはおすすめの食べ方。また、軽くトーストしてバターやハチミツをたっぷり塗って食べるのも、ライ麦の味がしっかり感じられてよい。

DATA

タイプ：リーン系	焼成法：直焼き
主要穀物：小麦粉、ライ麦粉	サイズ：長さ21×幅11×高さ6.5cm
酵母の種類：サワー種、パン酵母	重さ：450g

写真のパンが買える店：リンデ ⇒ P.188

これぞドイツパン！ ほぼライ麦粉だけで作る

ロッゲンブロート
Roggenbrot

丸形やワンロー
フ形（P.175）が
一般的。焼きたて
より生地が落ち
つく翌日以降が
おいしい。

配合例
ライ麦粉：75%
サワー種：50%
（内ライ麦粉25%）
パン酵母：1.8%
カラメル：1%
塩：1%
水：65%

　寒冷な北部地域で生まれ、ドイツの代表的なパンのひとつ。ドイツ語で「ライ麦パン」という名前の通り、ライ麦粉100%で作るが、店によっては小麦粉を少し加えたものもロッゲンブロートと呼ぶことがある。見るからに重厚なクラムはみっちりしていて堅めの食感。それでいて粘りがあり、もっちりしている。何といっても一番の持ち味は、サワー種ならではの濃厚な酸味にある。小麦粉を混ぜたミッシュブロートと比べると、ライ麦の味がストレートに感じられる。クセの強いパンだが、4〜5mmほどに薄くスライスすると食べやすい。ハムやチーズを挟んだサンドイッチなどは、ライ麦のおいしさを堪能できる食べ方だ。本場では、ワインやチーズ、肉料理など味の濃い料理に添えられることが多い。

DATA

タイプ：リーン系	焼成法：直焼き
主要穀物：ライ麦粉	サイズ：長さ22×幅5×高さ6cm
酵母の種類：サワー種、パン酵母	重さ：420g

写真のパンが買える店：リンデ ⇒ P.188

穀物の栄養がぎゅっと詰まったヘルシーなパン

フォルコンブロート
Vollkornbrot

配合例
粗挽きライ麦粉：27.3%
サワー種：82.2%
浸漬処理した粗刻みライ
麦：63.2%
パン酵母（生イースト）
：1.8%
塩：2%
ヒマワリの種：5.5%
水：9.4%

\\ **CUT** //

ずっしりしたクラム
なので薄めにスライ
ス。翌日から1週
間くらいが食べ頃。

　全粒粉を90％以上配合したパン。ライ麦全粒粉がメインの場合は、ロッゲンフォルコンブロートと呼ばれ、小麦全粒粉がメインの場合はヴァイツェンフォルコンブロートと呼ばれる。似たようなパンに、ロッゲンシュロートブロート（P.77）、プンパニッケル（P.76）などがある。いずれも、丸ごとの粒を挽いた全粒粉を使う。フォルコンのフォルは「全体」、コンは「穀物」を指し、フォルコンブロートとは"穀物を丸ごと味わえるパン"という意味。生地に麦粒を加えたり、アワやオオムギなどの雑穀をブレンドすることもあり、食物繊維やビタミン、ミネラルが豊富で、ドイツでも人気が高い。軽くトーストすれば、全粒粉の粒の食感と香ばしさがさらに引きたつ。

《 DATA 》

タイプ：リーン系	焼成法：型焼き
主要穀物：小麦粉、ライ麦粉	サイズ：長さ36.3×幅9.5×高さ7cm
酵母の種類：サワー種、パン酵母	重さ：1816g

写真のパンが買える店：紀ノ国屋 ⇒ P.179

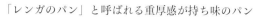

「レンガのパン」と呼ばれる重厚感が持ち味のパン

プンパニッケル
Pumpernickel

\\ CUT \\

焼き上がりの翌日
以降がおいしい。
スライスして冷凍
保存も可能。

配合例

粗挽きライ麦粉：34%	パン酵母：1.5%
粗挽きライ麦粉サワー種：45%	塩：1.5%
（内粗挽きライ麦：33%）	カラメル：0.8%
湯漬け処理したライ麦	水：66%
粗挽き粉生地：66%	（内サワー種と湯漬け
（内粗挽きライ麦粉：33%）	処理生地から：45%）

ライ麦全粒粉を使用するロッゲンシュロートブロート（P.77）のひとつ。北部のウエストファーレン地方で誕生し、現在はドイツ全域で食べられている。数多くあるライ麦パンの中でも、最低4時間、長ければ20時間蒸し焼きにする珍しい製法によって作られる。低温で長時間加熱することで、独特の黒褐色と、カラメルのような香ばしい甘みが引き出される。焼き上がったクラムはみずみずしくてもちもち。ナイフを入れるとねっとりした感触がある。ライ麦粉100%でありながら酸味はマイルドで、穀物のうまみが伝わってくる。重みのあるパンなので、スライスはごく薄く、5mm程度にするのがポイント。シンプルにバターやハム、チーズをのせたり、こってりしたシチューと一緒に食べると後味がさっぱりする。

―――(DATA)―――

タイプ：リーン系	焼成法：型焼き
主要穀物：ライ麦粉	サイズ：長さ30.5×幅6.8×高さ7.5cm
酵母の種類：サワー種、パン酵母	重さ：1199g

写真のパンが買える店：紀ノ国屋 ⇒ P.179

ライ麦のうまみをダイレクトに味わえる

ロッゲンシュロートブロート

Roggenschrotbrot

配合例
細挽きライ麦粉：15％
中挽きライ麦粉：60％
サワー種：50％
（内中挽きライ麦粉 25：％）
パン酵母（生イースト）：1.8％
塩：2％
水：65％

\\ CUT //

素朴で香ばしい風味は、肉料理など脂っこい料理に合わせる食事パンとしておすすめ。

　シュロートとは粗挽きの穀物のこと。胚芽を取り除いていないライ麦全粒粉を主体としたパンで、食物繊維が豊富で栄養価が高い。つぶつぶとした食感は少量でもかみごたえがあり、ドイツでは健康目的で食べる人も多い。生地にヒマワリの種や雑穀を加えたものも。

―――――――― DATA ――――――――

タイプ：リーン系	焼成法：型焼き
主要穀物：小麦粉、ライ麦粉	サイズ：長さ19×幅8.5×高さ7.5cm
酵母の種類：サワー種、パン酵母	重さ：484g

写真のパンが買える店：ドイツパンの店 タンネ ⇒ P.181

ライ押し麦の食感で食べやすく

フロッケンブロート

Flockenbrot

\\ CUT \\

配合例
ライ麦粉：30%
細挽きライ麦粉：10%
フランスパン専用粉：40%
サワー種：40%
（内中挽きライ麦粉：20%）
ライ押し麦：50%
パン酵母（生イースト）：1.8%
塩：2%
水：62%

焼き上がりの翌日から1週間が食べ頃。時間が経ってもクラムはしっとりしている。

　ライ麦パンの表面に、ライ押し麦をまぶして焼いたパン。押し麦を生地に混ぜ込んで焼いたものもある。水分が多く、どっしりしたクラムに麦粒の香ばしさが加わって、見た目よりも軽い食感に。クラストはしっかり焼き込まれており、かみごたえがある。

───── DATA ─────

タイプ：リーン系	焼成法：型焼き
主要穀物：ライ麦粉、ライ押し麦	サイズ：長さ16.5×幅8×高さ6cm
酵母の種類：サワー種、パン酵母	重さ：632g

写真のパンが買える店：ホーフベッカライ エーデッガー・タックス ⇒ P.186

ひび割れたクラストがおいしさの証

ベルリーナ・ラントブロート

Berliner Landbrot

\ CUT /

配合例

ライ麦サワー種：76％　　パン酵母：2％
（内ライ麦粉：40％）　　塩：2％
ライ麦粉：40％　　　　　水：34％
小麦粉：20％

焼きたては崩れやすいので、完全に冷めて生地が落ちついてからスライスする。

　ドイツのライ麦パンを代表する「ベルリン風の田舎パン」。最終発酵で表面を少し乾燥させることで表面にひび割れを作り、美しい木目のような模様になる。パン生地はライ麦の比率が70〜80％で、強い酸味が感じられる。ベルリンを中心とするドイツ北部では、寒さをしのげるよう油脂の多い料理を食べることが多いため、このパンのように酸味の強いパンが主流。薄くスライスして煮込み料理に添えてもいいし、パテを塗ったり、ハムなどをのせてオープンサンドにするのもおすすめ。味の濃い料理と合わせるとパンの酸味にコクが加わり、また違った味わいになる。また、バターやチーズなど乳製品を合わせると、酸味がマイルドに。クラムは目が詰まってみっちりしているが、粘りは少なく、口に入れると素朴な風味が広がる。

―――――――――――――《 DATA 》―――――――――――――

タイプ：リーン系	焼成法：直焼き
主要穀物：小麦粉、ライ麦粉	サイズ：長さ20×幅15×高さ6.5cm
酵母の種類：サワー種、パン酵母	重さ：699g

写真のパンが買える店：Zopf（ツオップ）⇒ P.181

「スイスパン」という名のドイツパン

シュヴァイツァー・ブロート

Schweizer Brot

\\ CUT //

シンプルな材料で作る、
風味のよいパン。ほんの
りと酸味を感じる。

配合例

フランスパン専用粉：60％
ライ麦粉：15％
発酵種：40％
（内フランスパン専用粉：25％）
パン酵母（ドライイースト）：0.6％
モルトシロップ：0.3％
塩：1.5％
脱脂粉乳：2％
水：50％

　シュヴァイツァーとは「スイス」、ブロートは「パン」のことで、「ス
イス風のパン」という意味。ライ麦を混ぜた小麦パンで、ドイツで
はポピュラーに食べられている。同じ小麦パンのヴァイスブロートに
比べてライ麦粉が入るぶん、歯切れがよくコクがある。

DATA

タイプ：リーン系	焼成法：直焼き
主要穀物：小麦粉、ライ麦粉	サイズ：長さ17×幅9.5×高さ6cm
酵母の種類：パン酵母（イースト）	重さ：160g

写真のパンが買える店：ベッケライ ならもと ⇒ P.186

少し粘りのある味わい豊かな小麦パン

ヴァイスブロート
Weissbrot

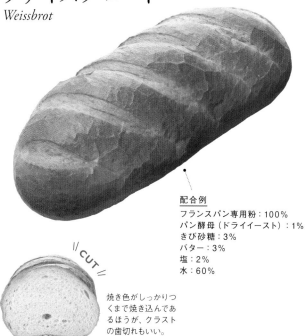

配合例
フランスパン専用粉：100%
パン酵母（ドライイースト）：1%
きび砂糖：3%
バター：3%
塩：2%
水：60%

// CUT //

焼き色がしっかりつくまで焼き込んであるほうが、クラストの歯切れもいい。

伝統的な小麦パン。気候が穏やかで、小麦の栽培に適した南部で誕生し、今ではドイツ全域で親しまれている。香ばしいクラストと、軽くてもっちりしたクラムが特徴。表面にケシの実やゴマをまぶしたものもある。なまこ形や丸形など形や大きさもいろいろ。

--- Column ---

パン屋の名称

ブーランジェリーはフランス語、ベッカライはドイツ語で、「パン屋」の意味。日本のパン屋の名称によくあり、その店の専門分野を表している。

◀ DATA ▶

タイプ：リーン系	焼成法：直焼き
主要穀物：小麦粉	サイズ：長さ33×幅13×高さ10.5cm
酵母の種類：パン酵母（イースト）	重さ：467g

写真のパンが買える店：ドイツパンの店 タンネ ⇒ P.181

塩のきいた、おつまみにぴったりのパン

ブレッツェル

Brezel

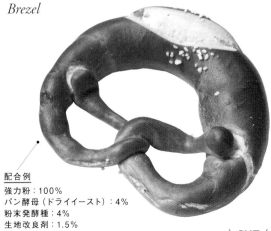

配合例
強力粉：100%
パン酵母（ドライイースト）：4%
粉末発酵種：4%
生地改良剤：1.5%
塩：2%
脱脂粉乳：5%
コーンスターチ：5%
マーガリン：10%
水：55%

\\ CUT //

表面についた岩塩を手で軽く払い落とし、塩気を調節して食べるといい。

　ブレッツェルとは、ラテン語で「腕」。この名前は中世ヨーロッパの僧院で作られていた「ブラセルス」というパンに由来し、独特の形状は、腕を組んで祈りを捧げる姿ともいわれている。11〜12世紀にはヨーロッパにギルド（同業組合）ができ、ドイツではパン屋であることを示す看板として、ブレッツェル形の紋章が掲げられるようになった。以来、パン屋のシンボルマークとしても定着している。レシピは地域によって様々だが、有名なのは写真のようなラウゲンブレッツェル。ひも状の生地を編むように成形し、ラウゲン液というアルカリ性の液に浸けてから焼くことで、ツヤのある美しい褐色になる。太い部分はもちもち、細い部分はカリッとした食感。酒に合うので、ドイツのビアホールにはブレッツェルの売り子もいるとか。

―――――――（ DATA ）―――――――

タイプ：リーン系
主要穀物：小麦粉
酵母の種類：パン酵母（イースト）

焼成法：天板焼き
サイズ：長さ14×幅10×高さ3cm
重さ：50g

写真のパンが買える店：リンデ ⇒ P.188

フレッシュチーズを包んだ発酵菓子

クワルクプルンダー
Quarkplunder

シート状のバターを何層にも
折り込んで作る生地は、歯切
れよく軽やか。

生地の配合例
フランスパン専用粉：100%
パン酵母（イースト）：5%
砂糖：11%
塩：1.5%
バター：12.5%
水：52%
折り込み用バター：
50 ～ 100%

　バターを折り込んだ生地でドイツのフレッシュチーズ「クワルク」を包
んだパン。日本ではバターと生地が層状のパンをデニッシュと呼ぶのが
一般的だが、ドイツでは「プルンダー」という。外側はパイのようにさっ
くり、内側はバターのしっとり感を楽しめる。

—————————《 DATA 》—————————

タイプ：リッチ系	焼成法：天板焼き
主要穀物：小麦粉	サイズ：長さ9×幅9×高さ6㎝
酵母の種類：パン酵母（イースト）	重さ：119g

写真のパンが買える店：ホーフベッカライ エーデッガー・タックス ⇒ P.186

ドイツでおなじみの黒ケシペースト入り

モーンプルンダー

Mohnplunder

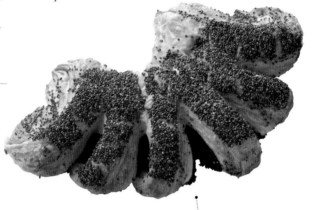

\\ CUT //

ケシの実は、ビタミン、ミネラル、鉄分が豊富なことでも知られる。

生地の配合例
フランスパン専用粉：100%
パン酵母（イースト）：5%
砂糖：11%
塩：1.5%
バター：12.5%
水：52%
折り込み用バター：
50 ～ 100%

　ドイツでは、ケシの実に砂糖や牛乳を加えて煮たモーンペーストが、日本のあんこのような感覚でパンやお菓子によく使われている。ケシの実のプチプチ感と濃厚なコクが、パイのようなさっくりした歯ごたえに絶妙にマッチして、やみつきになるおいしさ。

DATA

タイプ：リッチ系	焼成法：天板焼き
主要穀物：小麦粉	サイズ：長さ15.5×幅9.7×高さ4.7cm
酵母の種類：パン酵母（イースト）	重さ：74g

写真のパンが買える店：ホーフベッカライ エーデッガー・タックス ⇒ P.186

渦巻き状が目印の菓子パン

モーンシュネッケン

Mohnschnecken

\\ CUT //

表面にアイシング（砂糖と卵白で作るクリーム）がかかっているものが多い。

配合例
フランスパン専用粉：100%
パン酵母：5%
砂糖：11%
塩：1.5%
バター：12.5%
水：52%
折り込み用バター：50 ～ 100%

　シュネッケンとは「カタツムリ」という意味。卵とバターを配合した折り込み生地を、薄くのばしてくるくる巻き、ひとり分ずつカットして焼く。モーンシュネッケンは、黒ケシの実のペーストを一緒に巻き込んだもので、さくさくの生地にしっとりした甘みが溶け込む。

─────────────(DATA)─────────────

タイプ：リッチ系　　　　　　　　　焼成法：天板焼き
主要穀物：小麦粉　　　　　　　　　サイズ：長さ9.5×幅7.5×高さ2.5cm
酵母の種類：パン酵母（イースト）　重さ：60g

写真のパンが買える店：リンデ ⇒ P.188

天板で焼き上げる素朴な菓子パン

ブレヒクーヘン

Blechkuchen

\\ CUT //

バターと水分が多いので、ふんわりした焼き上がり。写真はルバーブをのせたもの。

生地の配合例

強力粉：100%
パン酵母（生イースト）：6.5%
水：33%
砂糖：13.5%
粉乳：6%
全卵：15%
バニラオイル：0.5%
バター：20%
塩：1%
レモン皮：1個分

　甘めの生地を、天板（ブレヒ）に敷いて焼くおやつパン。パンというよりケーキのようにふんわりしている。アーモンドクリームやリンゴ、洋ナシなど旬のフルーツなどをのせることが多い。アーモンドとバターのトッピングは、ドイツで定番。

DATA

タイプ：リッチ系	焼成法：天板焼き
主要穀物：小麦粉	サイズ：長さ10.5×幅3.5×高さ3.5cm
酵母の種類：パン酵母（イースト）	重さ：98g

写真のパンが買える店：ホーフベッカライ エーデッガー・タックス ⇒ P.186

ベルリン生まれの揚げ菓子

ベルリーナ・プファンクーヘン

Berliner Pfannkuchen

揚げたあとに、ブルーベリー
やマーマレードジャムを注入
し、粉砂糖をふりかける。

<u>生地の配合例</u>

フランスパン	バター：5％
専用粉：70％	全卵：15％
中種：55％	卵黄：10％
（内フランスパン	脱脂粉乳：5％
専用粉：30％）	バニラオイル：適量
砂糖：10％	レモンオイル：適量
塩：1.8％	水：約10％

　ベルリン地方に伝わる揚げ菓子で、ドーナツの原型ともいわれている。
昔、パン職人が戦地で兵士たちにふるまうために、大鍋でパン生地を揚
げたのが始まり。ベルリーナは発祥の地、「ベルリン」のことで、プファ
ンとは、「大鍋」のこと。

――――――――――――――◯ DATA ◯――――――――――――――

タイプ：リッチ系		焼成法：揚げる
主要穀物：小麦粉		サイズ：長さ7×幅6.5×高さ4㎝
酵母の種類：パン酵母（イースト）		重さ：54g

　写真のパンが買える店：ベッケライ ならもと ⇒ P.186

洋酒漬けのフルーツが香るクリスマスの発酵菓子

シュトレン

Stollen

配合例

◎前生地
フランスパン専用粉：14%
パン酵母（生イースト）：4.5%
牛乳：11.2%

◎本捏生地
フランスパン専用粉：86%
グラニュー糖：9%
塩：1.1%
バター：40%
シュトレンスパイス：0.6%
レモン皮：0.1%
牛乳：36%
サルタナレーズン：57%
アーモンドスリーバード：25%
オレンジピール：15%
シトロンピール：10%
ラム酒：8%

\\ CUT /

仕上げにバターを塗り、砂糖でコーティングしているので、日持ちは2〜3週間。

　小麦粉に対しバター30%以上、ドライフルーツ60%以上を配合する。本場ではクリスマス直前に、少しずつスライスして食べる伝統菓子で、最近は日本でも一般的に。独特な形は、キリストのゆりかごの形や、キリストを包んだ毛布の形という説がある。

DATA

タイプ：リッチ系	焼成法：天板焼き
主要穀物：小麦粉	サイズ：長さ21.5×幅9×高さ4cm
酵母の種類：パン酵母（イースト）	重さ：457g

写真のパンが買える店：ホーフベッカライ エーデッガー・タックス ⇒ P.186

ナッツペーストが香る「カタツムリのパン」

ヌスシュネッケン

Nussschnecken

食べる直前に、アイシングが
溶けきらない程度にオーブン
で軽く焼き直しても美味。

　ヌスは「木の実」、シュネッケンは「カタツムリ」の意味。ドイツには
バラエティー豊かなシュネッケンがあり、カタツムリのパンとして親しまれ
ている。ヌスシュネッケンは、平らにのばした生地にクルミやヘーゼルナ
ッツペーストを塗り、くるくる巻いて、断面が渦巻きになるようにカットし
て焼いたもの。ナッツペーストは、モーンペースト同様、ドイツではおな
じみのフィリングで、木の実のビターな甘さが特徴。ドイツでは様々なパ
ンやお菓子に使われている。とりわけヌスシュネッケンは、バターを折り
込んださくさくの生地と、ナッツペーストのなめらかさ、砕いたナッツの
食感の取り合わせが美味。お店によってはやわらかい菓子パン生地で作
ることもある。おやつや朝食などに、コーヒーと一緒に楽しみたい

DATA

タイプ：リッチ系	焼成法：天板焼き
主要穀物：小麦粉	サイズ：直径10×高さ4cm
酵母の種類：パン酵母（イースト）	重さ：68g

写真のパンが買える店：ドイツパンの店 タンネ ⇒ P.181

JAPAN

日本のパン

ご飯文化の感性が生きる
ふんわり、しっとりのパン

　日本で初めて本格的なパンが作られたのは、明治時代のことです。欧米に比べてパン食の歴史は浅いものの、現在は、フランスやドイツを始め世界各国のパンが手軽に食べられるほど、パン食が浸透しています。そんな中、欧米から伝わったパンを独自にアレンジした、日本ならではのパンもたくさん生まれてきました。

　代表的なのは、食パン。日本の食パンは、他の国では例をみないほどきめ細かく、ソフトな食感が持ち味です。ご飯の文化に慣れ親しんできた日本で、ご飯にも通じるやわらかくてしっとりした食パンが誕生したことは、パン食が広く浸透するきっかけを作りました。さらに、アメリカで開発された「中種法」という生地の調整がしやすく、発酵も安定する製法を取り入れたことで、大量生産が可能になり、質のいいパンを誰もが手軽に買えるようになったのです。

　食パン同様に日本らしいパンといえば、菓子パンも挙げられます。日本の菓子パンは油脂の配合が少ないのが特徴。バターや卵、乳製品をたっぷり使う欧米風の菓子パンに比べると、食べ口が軽くてふんわりしています。明治時代から大正時代にかけて、日本のパン食文化の扉を開いたのは、主食用のパンではなく、あんぱん、クリームパン、ジャムパンといったおやつ用の菓子パンでした。

　さらに、コッペパンに代表される、やわらかい小ぶりの食事パンも充実しています。ほんのりした甘みや少量の油脂などが加わり、主食としてはもちろん、軽食やおやつにも欠かせないパンです。この生地にハム、コーン、チーズなど様々な食材を加えて焼き込んだ惣菜パンも、日本には数多くのバリエーションがあります。

食パン（角食パン）

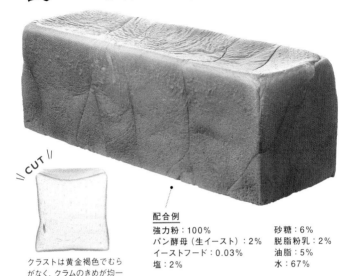

CUT

クラストは黄金褐色でむらがなく、クラムのきめが均一のものは、おいしい証拠。

配合例

強力粉：100％	砂糖：6％
パン酵母（生イースト）：2％	脱脂粉乳：2％
イーストフード：0.03％	油脂：5％
塩：2％	水：67％

　日本を代表する食事パンで、学校の給食などでも食べられている。食パンという名称は、本来は主食として食べられているパンの総称で、もともとパンを主食とする外国では、食パンに相当する言葉はない。日本では食パンというと、この角食パンのことを指す。角食パンとは、パンの四隅が直角になっている形状からきている名称で、食パン型で焼く際にフタをして焼くことで、この四角い形になる。これに対し、フタをせずに焼くイギリスパン（P.131）などは、上部がふくらむので山型食パンといわれている。クラストはパンの耳と呼ばれ、フランスパンなどのようにカリカリではなく、クラムよりやや堅い程度。クラムはきめ細かく、口どけがよい。トーストしたり、サンドイッチにしたり、様々な食べ方ができる。

DATA

タイプ：リーン系	焼成法：型焼き
主要穀物：小麦粉	サイズ：長さ36.8×幅12×高さ12.7cm
酵母の種類：パン酵母（イースト）	重さ：1265g（3斤）

明治時代に生まれた菓子パンの定番

あんぱん

生地の配合例
強力粉：100%
パン酵母（生イースト）：3%
イーストフード：0.1%
塩：0.8%
砂糖：25%
脱脂粉乳：3%
油脂：12%
卵：10%
水：50%

\\ CUT /

やわらかな生地に、みっちり詰まったあんが絶妙。写真は桜の塩漬けを添えたあんぱん。

あんぱんのバリエーション

つぶあんや白あんなど、バリエーション豊か。

つぶあんタイプ　　こしあんタイプ

　明治時代初期に、木村屋（当時は文英堂、現木村屋總本店）の創業者・木村安兵衛と息子の英三郎が生み出したパン。まだ日本人にとってパンが一般的ではなかった時代に、日本人好みのパンを作ろうと、パンに和食材のあんこを入れたのが始まり。あんぱんは、またたく間に人気となり、明治天皇に献上するため桜の塩漬けを添えた桜あんぱんが誕生。日本にパンが普及するきっかけのひとつとなった。現在売られているあんぱんはパン酵母で発酵させたものが多いが、当初は米や麹で作る酒種が使われていた。なお、木村屋では現在も酒種のあんぱんを販売している。形は半球で、上に桜の塩漬けやケシの実がトッピングされているものがある。栗あんやよもぎあんを詰めたり、ハード系の生地を使用したりと、種類が豊富。

DATA

タイプ：リッチ系	焼成法：天板焼き
主要穀物：小麦粉	サイズ：直径6.5×高さ3.7cm
酵母の種類：パン酵母（イースト）、または酒種	重さ：51g

巻き貝形のパンにチョコレートクリームがたっぷり

チョココロネ

配合例
あんぱんと
同じ。

コロネとは、フランス語の「角（corne）」、または英語で管楽器「コルネット（cornet）」からきているとされる。細長くした生地を、くるくると円すい状に成形して焼き上げ、チョコレートクリームをたっぷり詰める。代表的なチョコの他、ピーナッツクリームやカスタードクリーム、生クリーム入りも。

\\ CUT \\

焼成後にチョコレートクリームを詰めるので、みっちりとクリームが詰まっている。

DATA		
タイプ：リッチ系		焼成法：天板焼き
主要穀物：小麦粉		長さ15.5×幅6.5×高さ3.7cm
酵母の種類：パン酵母（イースト）		重さ：85g

×××

かつてはあんずジャムが主流

ジャムパン

配合例
あんぱんと同じ。

あんぱんとともに、昔から日本人にはなじみ深い菓子パン。木村屋總本店3代目の儀四郎が明治33年に考案した。形は半球状のあんぱんと区別するため、なまこ形が多い。誕生当時はあんずジャムを使うのが一般的だったが、現在はいちごやりんごなどもよく使われる。

\\ CUT \\

木村屋總本店では、誕生当時から現在も変わらずあんずジャムを使用。

DATA		
タイプ：リッチ系		焼成法：天板焼き
主要穀物：小麦粉		サイズ：長さ11.5×幅7×高さ3.7cm
酵母の種類：パン酵母（イースト）、または酒種		重さ：68g

ユニークなグローブ形のパン

クリームパン

生地の配合例
あんぱんと同じ。

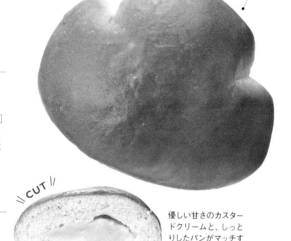

\\ CUT \\

優しい甘さのカスタードクリームと、しっとりしたパンがマッチする素朴な味。

　クリームパンが誕生したのは、明治30年代。新宿中村屋の創業者の相馬愛蔵が、シュークリームのおいしさに感動し、あんぱんのあんの代わりに卵と牛乳で作ったカスタードクリームを入れたことが始まり。生地にカスタードクリームを詰めてから焼くものと、焼成後カスタードクリームを詰めるものがある。楕円形の上部に切り込みを入れたグローブ形に作られることが多い。このユニークな形は、生地に空洞ができるのをふせぐために切り目を入れたとか、考案当時、アメリカから野球が伝わって日本で大人気となっていたことから、この形になったという説もある。フィリングはカスタードクリームがポピュラーだが、生クリームやチョコレートクリームなどもある。焼き上がり、粗熱がとれた頃が食べどき。

DATA

タイプ：リッチ系	焼成法：天板焼き
主要穀物：小麦粉	サイズ：長さ10×幅8.5×高さ3.5cm
酵母の種類：パン酵母（イースト）	重さ：67g

さくさくのビスケット生地をのせて焼き上げる

メロンパン

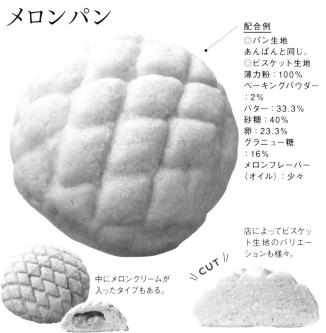

配合例
◎パン生地
あんぱんと同じ。
◎ビスケット生地
薄力粉：100%
ベーキングパウダー
：2%
バター：33.3%
砂糖：40%
卵：23.3%
グラニュー糖
：16%
メロンフレーバー
（オイル）：少々

店によってビスケット生地のバリエーションも様々。

中にメロンクリームが入ったタイプもある。

|| CUT ||

　さくさくとした甘いビスケット生地を、菓子パンの生地の上にのせて焼く。ドイツ菓子に同じ手法のものがあるため、そこからヒントを得たといわれるが、他にも第一次世界大戦から帰った職人が伝えたという説、帝国ホテルのガレットというパンをもとに作ったという説など、ルーツは諸説ある。名前の由来もはっきりしておらず、焼き上がった際にできるひび割れがマスクメロンの網目模様のようだから、または、誕生当時はビスケット生地にメレンゲを多用していたため、「メレンゲパン」と呼ばれていたことから、それが変化したなどの説がある。形は丸形以外にも、特に関西地方ではアーモンド形もよく見られる。名前も一部地域では、日の出の太陽に似ていることから、「サンライズ」と呼ぶことも。

DATA

タイプ：リッチ系	焼成法：天板焼き
主要穀物：小麦粉	サイズ：直径10×高さ3.5cm
酵母の種類：パン酵母（イースト）	重さ：79g

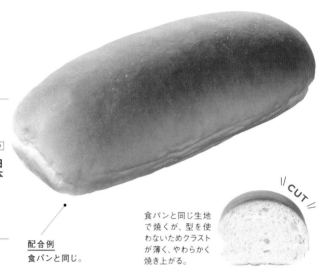

挟む具材でバリエーションは無限

コッペパン

ヨーロッパ

アジア　日本

アフリカ・中東

北米・南米

配合例
食パンと同じ。

CUT

食パンと同じ生地
で焼くが、型を使
わないためクラスト
が薄く、やわらかく
焼き上がる。

コッペパンの「コッペ」とは、フランスのパンである「クッペ」に形が似ていたことからきている。学校の給食でもおなじみのコッペパン。もともとは食パンのように大きなパンだったが、昭和10年頃に学校給食用に生徒ひとり分として提供できるようなサイズが作られ、その大きさが普及していったとされる。給食で出される際はジャムやマーガリンを添えて出されることが多い。コッペパンは、惣菜パンとして使われるパンの代表格。惣菜パンとは、調理した惣菜を挟んだりのせて焼いたりするパンのこと。クセのない味なので、ポテトサラダやコロッケなど、惣菜との相性は選ばない。また、コッペパンを揚げてから、砂糖やきな粉をまぶす揚げパンは、今も昔も学校給食の人気メニューだ。

DATA

タイプ：リーン系	焼成法：天板焼き
主要穀物：小麦粉	サイズ：長さ17×幅7×高さ4.7cm
酵母の種類：パン酵母（イースト）	重さ：78g

96

コッペパンを使ったポピュラーな惣菜パン

焼きそばパン

CUT

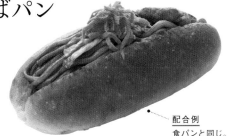

甘辛いソース味と、
コッペパンの優しい
甘さが、不思議とマッ
チするおいしさ。

配合例
食パンと同じ。

　コッペパンに切り目を入れて焼きそばを挟んだもの。学校給食でコッペパ
ンと焼きそばが一緒に出た際、生徒たちが挟んで食べたのが始まりという説
がある。コッペパンを使った惣菜パンの中でも、特に有名で、上に紅ショウ
ガをのせるのが一般的。

DATA	タイプ：リーン系	焼成法：天板焼き
	主要穀物：小麦粉	サイズ：長さ15.5×幅7.5×高さ6cm
	酵母の種類：パン酵母（イースト）	重さ：158g

写真のパンが買える店：みんなのぱんや ⇒ P.187

バターロール生地を使った惣菜パン

ハムロール

CUT

生地の配合例
バターロール
（→P.153）と
同じ。

焼きたてがおいしい。
ハムの塩気とほのかに
甘いバターロール生地
は相性がよく美味。

　日本のパンは、パンにおかずをのせたり挟んだりする惣菜パンのバリエー
ションがとても豊か。中でもポピュラーなのが、このハムロールだ。バターロー
ルの生地にハムをのせ、生地と一緒にロールして焼く。ハムと一緒にチー
ズを巻いて焼くことも。

DATA	タイプ：リッチ系	焼成法：天板焼き
	主要穀物：小麦粉	サイズ：長さ8×幅6.5×高さ5cm
	酵母の種類：パン酵母（イースト）	重さ：37g

写真のパンが買える店：BOULANGERIE LA SAISON
（ブーランジュリー　ラ・セゾン）⇒ P.184

フランスパンに明太子をトッピング

明太子フランス

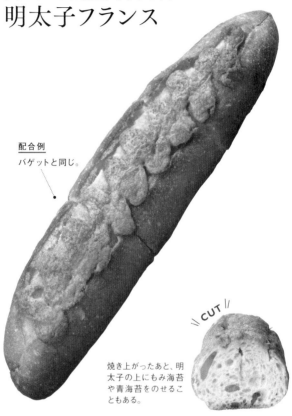

配合例
バゲットと同じ。

\\ CUT \\

焼き上がったあと、明太子の上にもみ海苔や青海苔をのせることもある。

コッペパンやバターロールを使った惣菜パンは数多いが、フランスパン生地を使った惣菜パンは少ない。その中で明太子フランスは、人気惣菜パンのひとつ。フランスパンの生地に切り目を入れて、明太子とマヨネーズ、またはバターを混ぜたフィリングを挟んで焼く。

─(DATA)─

タイプ：リーン系	焼成法：直焼き
主要穀物：小麦粉	サイズ：長さ24×幅6×高さ4.5cm
酵母の種類：パン酵母（イースト）	重さ：122g

写真のパンが買える店：POMPADOUR（ポンパドウル）⇒ P.187

揚げパンに日本人の大好きなカレーフィリングを詰めて

カレーパン

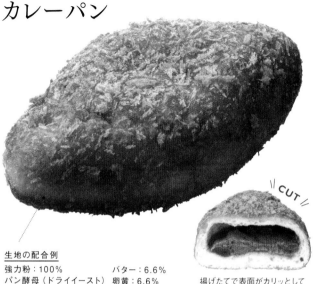

\\ CUT //

揚げたてで表面がカリッとしているうちがおいしい。オーブンであたため直すと食感が復活する。

生地の配合例

強力粉：100%	バター：6.6%
パン酵母（ドライイースト）：1.6%	卵黄：6.6%
	スキムミルク：1.6%
砂糖：6.6%	
塩：2%	水：61.6%

　カレーパンを生みだしたというベーカリーはいくつかあるが、特に有名なのは東京の江東区にある名花堂（現カトレア）が昭和2年に発案したという説。当時、どちらも洋食の人気メニューだったカツレツの形や調理法と、カレーライスをヒントに、汁気が少ない堅めに作ったカレーフィリングをパン生地に詰め、カツレツのように表面にパン粉をまぶして揚げたのが始まりといわれている。それ以降日本中に広まり、今ではパン屋の他にも、スーパーやコンビニなどでも売られている。最近は、揚げずに焼いてヘルシーに仕上げた焼きカレーパンや、フィリングにキーマカレーを使ったものなどバラエティー豊か。軽い食事やおやつに、年齢を問わず愛される代表的な惣菜パンだ。

DATA

タイプ：リッチ系	焼成法：揚げる
主要穀物：小麦粉	サイズ：長さ12.5×幅7×高さ3cm
酵母の種類：パン酵母（イースト）	重さ：97g

カレーパン

日本人が大好きなメニューのカレーを揚げパンで包んだカレーパン。
昨今バラエティー豊かに進化しています。
※特記のないものは、すべて税抜価格です。

カトレア
かとれあ ⇒ P.178
元祖カレーパン
1個／220円

カレーがたっぷり詰まった
元祖カレーパン

重さ113g

「元祖」の名が付く通り、カレーパンを初めて売り出した店として有名。薄めのパン生地の中に、野菜の甘みを感じるカレーがたっぷり。食べごたえ十分。

使用小麦：非公開
フィリング：豚ひき肉、玉ねぎ、にんじん
酵母の種類：パン酵母（イースト）
製法：ストレート法

4.7cm / 6.5cm / 12.2cm

Panaderia TIGRE
パナデリーヤ ティグレ ⇒ P.182
焼きカレーパン
1個／230円（税込）

チーズ入り焼きカレーパン

重さ98g

揚げずに焼く、昨今急増しているタイプ。揚げパンよりあっさりと、ヘルシーな味わい。フィリングのカレーもチーズ入りで、まろやかさがある。

使用小麦：モンブラン
フィリング：豚ひき肉、玉ねぎ、にんじんなど
酵母の種類：パン酵母（イースト）
製法：ストレート法

4.5cm / 8cm / 9.5cm

ぱんプキン
ぱんぷきん ⇒ P.183
よこすか海軍カレーパン
1個／180円

福神漬け入りカレーパン

重さ103g

海軍カレーで知られる神奈川県横須賀市は、カレーパンの激戦区。その中で初めて福神漬け入りカレーパンを販売した店。

使用小麦：日東富士製粉赤ナイト
フィリング：牛肉、玉ねぎ、にんじん、じゃがいも、福神漬け
酵母の種類：パン酵母（イースト）
製法：ストレート法

4cm / φ 9cm

Curry Pan

重さ 78g

Boulangerie & cafe goût

ブランジェリー アンド カフェ グウ ⇒ P.184

焼きカレーパン

1個／170円

米粉の生地に合うトマトカレー

米粉を使用しているので、もちっとした食感とカリッとした歯ごたえの生地。カレーは、トマトの酸味が主張するジューシーな味わい。

使用粉：米粉、とうもろこし粉
フィリング：玉ねぎ、にんじん、トマト、豚肉など
酵母の種類：パン酵母（生イースト）
製法：生地玉冷蔵法
その他：三温糖、天日塩、米ぬか油使用

重さ 110g

BOULANGERIE LA SAISON

ブーランジュリー　ラ・セゾン ⇒ P.184

揚げカレーパン

1個／160円

パン粉の代わりにクルトン使用

通常パン粉をまぶして揚げるのを、大粒のクルトンを使用したインパクト大のカレーパン。マイルドなカレーと衣の相性抜群。

使用小麦：強力粉
フィリング：牛肉、にんじん、玉ねぎ
酵母の種類：パン酵母（ドライイースト）
製法：ストレート法

重さ 134g

Patisserie SATSUKI

パティスリーサツキ ⇒ P.182

新ビーフカレーパン

1個／972円

牛肉の存在感が際だつ

カレーパンにするにはもったいないほど、牛肉の塊がゴロゴロと入っている。素材や揚げる油まで細部にわたりこだわりぬいたビーフカレーパン。

使用小麦：カメリヤ、スリースター
フィリング：牛肉、福神漬け、らっきょう
酵母の種類：パン酵母（生イースト）
製法：ストレート法

重さ 65g

365日

365にち ⇒ P.180

カレーぱん

1個／346円（税込）

細部にこだわる焼きカレーパン

オリーブ油をかけながら焼くので、さっぱりした味わい。カレーには、店でミンチした新鮮なひき肉を使用。中に空洞があることで、かんだ際に香りが引き立つ。

使用小麦：ゆめちから、みなみの穂
フィリング：豚ひき肉、玉ねぎ、にんじん、キャベツ、しょうが、セロリ
酵母の種類：サフ、パン酵母（ドライイースト）
製法：ストレート法　その他：季節の野菜使用

ヨーロッパ

日本／インド
アジア

アフリカ・中東

北米・南米

膨張剤を使う素朴な味のパン

甘食

配合例
薄力粉：100%
ベーキングパウダー：2.5%
重曹：1.2%
砂糖：50%
バター：15%
卵：30%
牛乳：30%

焼き上がり後、1時間以上経ったほうがおいしい。食べると卵の風味が感じられる。

　発酵種を使わずに、重曹などの膨張剤を使って作る。膨張剤を使わずに、卵だけで膨らませる場合も。生地を天板の上に丸く絞り出して焼くことで、独特な円すい形に焼き上がる。明治時代に、マフィンを参考に作られたという説がある。

DATA

タイプ：リッチ系	焼成法：天板焼き
主要穀物：小麦粉	サイズ：直径9×高さ5cm
酵母の種類：酵母不使用。	重さ：84g
または膨張剤使用	

写真のパンが買える店：みんなのぱんや ⇒ P.187

102

タンドール窯で焼くカレーのおとも

ナン
Naan

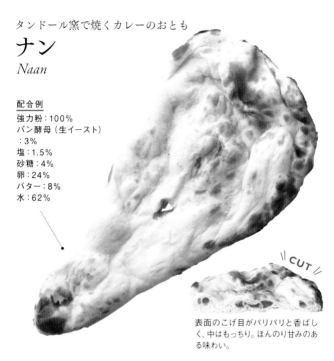

配合例
強力粉：100%
パン酵母（生イースト）
：3%
塩：1.5%
砂糖：4%
卵：24%
バター：8%
水：62%

\\ CUT //

表面のこげ目がバリバリと香ばしく、中はもっちり。ほんのり甘みのある味わい。

　インドカレーと食べるパンとして、日本でもよく知られるナン。少しずつちぎりながら、カレーなどの汁ものにつけたり、野菜を挟んだり、主食として食べる。また、最後に皿をぬぐってきれいにする役割もある。ナンとは、ペルシャ語で「パン」という意味で、実はインドだけではなく、パキスタン、アフガニスタン、イランなどでも食べられている。そのため、形も地域によって異なるが、日本でよく知られているのは、木の葉形のもの。主に北インド地方で食べられており、生地をタンドールという窯の内側にペタッと貼り付けて焼くので、この形になる。取り出す際は、長い棒の柄の部分をナンにひっかけて、はがす。さめると堅くなってしまうため、焼きたてがおいしい。

DATA

タイプ：リーン系	焼成法：直焼き
主要穀物：小麦粉	サイズ：長さ41×幅19×高さ3.5cm
酵母の種類：パン酵母（イースト）、または膨張剤使用	重さ：240g

写真のパンが食べられる店：ムンバイ ⇒ P.188

ナンと同じ生地で作る

バトゥーラ
Bathura

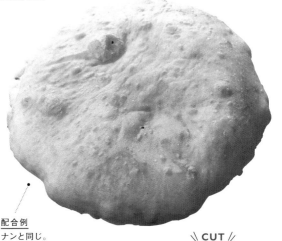

<u>配合例</u>
ナンと同じ。

\\ CUT //

冷めると油がしつこく
感じるので、揚げたて
のうちに食べること。

インド全域で食べられているが、
特に北インド地方の朝食メニューと
して好まれる。ナンの生地を丸く成
形して、油をかけながら30秒ほど揚
げたパンで、口に入れると油がじゅ
わっと広がる。チャナマサラという
辛みの強いひよこ豆のカレーによく
合うとされる。

— Column —

インドのパン文化

国土の広いインドでは、
パンも地域で異なる。北
部ではナンなど小麦粉の
パンが主流で、南部は米
粉や豆の粉を使ったパン
が多い傾向。

(DATA)

タイプ：リーン系	焼成法：揚げる
主要穀物：小麦粉	サイズ：直径15×高さ3.5cm
酵母の種類：パン酵母（イースト）	重さ：132g

写真のパンが食べられる店：ムンバイ ⇒ P.188

北インドの家庭の味

チャパティ
Chapati

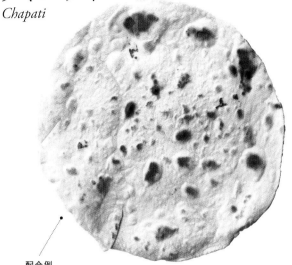

配合例
全粒粉：100%
サラダ油：2.5%
水：25%

\\ CUT //

食事のたびに、1枚1枚焼く。カレーや紅茶などとともに、ちぎって食べる。

　アタと呼ばれる小麦粉全粒粉で作った無発酵の生地を、トワーという鉄板で焼くパン。大きなタンドール窯で焼くナンより、フライパン程度のトワーで焼くチャパティのほうが家庭でもなじみ深い。パキスタン、ネパール、バングラデシュでも食べられる。

═══ DATA ═══

タイプ：リーン系	焼成法：直焼き
主要穀物：小麦粉	サイズ：直径17.5×高さ1cm
酵母の種類：酵母不使用	重さ：58g

写真のパンが食べられる店：ムンバイ ⇒ P.188

おかずがすすむ、もっちり蒸しパン

饅頭
マントウ
Mantou

配合例
薄力粉：100%
老麺：50%
粗塩：2%
砂糖：10%
水：40%

\\ CUT //

冷めると堅くなるので、あたたかいうちに食べる。時間が経ったものは蒸し直すとよい。

　日本でなじみのある中華饅頭といえば、肉まんやあんまん。しかし、本場の中国で正式に「饅頭」といわれているのは、肉まんなどの生地だけで作る、中に何も入っていないものを指す。あんを入れたものは「包子（パオズ）」と呼ばれる。本場では、老麺（あらかじめ発酵させておいたパン種）を発酵種として使う方法で作られるのが主流だが、最近では老麺ではなくイーストなどを使うことも多い。小麦粉を蒸す製法は、欧米ではなじみが薄く、東洋ならではのパンといえる。日本の肉まんも、作り方は中国から伝わったもの。中国北部では小麦粉で作る麺類や饅頭を主食としているため、中身のない饅頭は日本人が白飯を食べるのと同じように、おかずと一緒に食べる。ハチミツをつけておやつとしても。

―《 DATA 》―

タイプ：リーン系	焼成法：蒸す
主要穀物：小麦粉	サイズ：長さ7.7×幅6.2×高さ3.8cm
酵母の種類：老麺、またはパン酵母	重さ：45g

写真のパンが買える店：包包（パオパオ）⇒ P.182

かわいらしい花形が人気の饅頭

花巻
ホワチュアン

Huajuan

配合例
饅頭と同じ。
ごま油やネギを
練り込む場合も。

そのまま食べるのは
もちろん、おかずを
挟んで中華風サンド
イッチにしても。

生地は饅頭（P.106）と同じ。薄くのばしてからくるくると巻き、1個分ずつカットして、箸などで形を整え強火で蒸し上げる。中国では饅頭のように、おかずやスープと一緒に食べられている。生地にレーズン、ネギ、松の実などトッピングを加えることも。

――――――――――――(**DATA**)――――――――――――

タイプ：リーン系	焼成法：蒸す
主要穀物：小麦粉	サイズ：長さ8×幅6.5×高さ4cm
酵母の種類：老麺、またはパン酵母	重さ：55g

写真のパンが買える店：包包（パオパオ）⇒ P.182

お茶うけにぴったりな卵カステラ

馬拉糕
マーラーカオ

Ma lai gao

配合例
薄力粉：100%
卵：110 〜 138%
砂糖：166.7%
ココナッツミルク：27.8%

\\ CUT //

濃厚な甘みはさっぱり
した中国茶にぴった
り。本場では朝食とし
て食べることも。

　中国風の蒸しカステラで、卵と砂糖をたっぷり使っている。水分を含んだもっちりした食感が特徴。黒糖を使ったものや、ココナッツパウダーを入れたものなど、店によって様々なレシピで作られている。膨張剤の他に、卵のみでふくらませる場合も。

DATA

タイプ：リッチ系	焼成法：蒸す
主要穀物：小麦粉	サイズ：直径8×高さ4.7cm
酵母の種類：酵母不使用。	重さ：89g
膨張剤または卵	

写真のパンが買える店：包包（パオパオ）⇒ P.182

デンマークのパン

世界で親しまれる
デニッシュ・ペストリーの本場

デンマークの代表的なパンといえば、「デニッシュ・ペストリー」。パン生地とバターを何層にも重ねて焼き上げたリッチなパンです。生地にバターを折り込む技術はオーストリアから伝わったとされ、それがデンマークの伝統的な製法と結びついて世界に広がりました。そのため、デンマークでは「ヴィエナブロート（ウィーン風パン）」と呼ばれています。

現在は各国で様々なデニッシュ・ペストリーが作られていますが、本場・デンマークのデニッシュは、生地の60％以上という多量のバターを折り込むのが特徴。独特のさくさく感と、生地にしみ出すバターのしっとり感を兼ね備えています。種類もバラエティーに富み、渦巻きの形や編み目状など、形も大きさも様々で、これに甘いクリームを詰めたものや、フルーツやナッツをのせたもの、詰めものがない食事用のあっさりしたタイプがあります。デンマークでは、主食としてフランスパンやライ麦パンも食べられていますが、朝食や午後のコーヒータイム、記念日などに、デニッシュ・ペストリーは日々の生活に欠かせない存在です。

ケーキのような重量感のあるデニッシュ・ペストリー

スモー・ケーア

Smor kager

ホールケーキの
ように大きいの
で、切り分けて
食べる。

// CUT //

外側はさくさく、内側はしっとり
とした食感。ラムレーズンの甘
酸っぱさがアクセントに。

　スモーとはデンマーク語で「バター」、ケーアは「ケーキ」のこと。その名の通りバターを折り込んだ生地に、ケーキのようにたっぷりのカスタードクリームとラムレーズンをのせて焼き上げる。カットする際のガイドラインのような溝は、複数の成形した生地をひとまとめに丸型に入れて焼くという製法によるもの。まず3つ折りを3回繰り返したデニッシュ生地に、バター、カスタードクリーム、ラムレーズンをのせて巻いたものをいくつか作り、その生地を丸く並べてオーブンで焼く。丸くくぼんだ部分のアイシングは、焼き上がり後にのせる。大勢で取り分けやすい大きさなので、本場では手土産として買う人も多いのだとか。また、ホールではなくカットした状態で売られていることもある。

--- DATA ---

タイプ：リッチ系	焼成法：型焼き
主要穀物：小麦粉	サイズ：直径20.5×高さ6.5cm
酵母の種類：パン酵母（イースト）	重さ：882g

デンマークで定番のデニッシュ・ペストリー

ティビアキス

Tebirkes

生地は27層もある。見た目のボリューム感の割に手にすると、とても軽い。

配合例
強力粉：50％
薄力粉：50％
パン酵母（イースト）：8％
砂糖：8％
塩：0.8％
マーガリン：8％
卵：20％
水：40％
ロールイン油脂：92％

　ティは「お茶」、ビアキスは「ケシの実」の意味。甘いフィリングやトッピングなどは使わないシンプルなデニッシュ。生地にバターと砂糖を合わせたバターペーストを塗り込み、表面はケシの実でびっしりと覆うのが特徴。デンマークでもっともポピュラーなペストリーのひとつ。

―――――《 DATA 》―――――

タイプ：リッチ系	焼成法：天板焼き
主要穀物：小麦粉	サイズ：長さ12.5×幅7.5×高さ4cm
酵母の種類：パン酵母（イースト）	重さ：64g

渦巻き形のシナモンロール

スモー・スナイル

Smor Snegle

‖ CUT ‖

シナモンの香りと甘いアイシングが絶妙。さくさくとした食感で、軽い口あたり。

　ティビアキスと並んで、デンマークの代表的なデニッシュ。スモーは「バター」、スナイルは「渦」の意味。生地はティビアキスと同様のものに、シナモンを混ぜ、渦巻き状に成形して焼き、最後に渦の部分にアイシングをほどこす。シナモンロールの原型という説もある。

Column

デニッシュは
早いうちに

生地がパリパリに焼けた部分がおいしい。湿気に弱いので、早めに食べるのがおすすめ。

◯ DATA ◯

タイプ：リッチ系	焼成法：天板焼き
主要穀物：小麦粉	サイズ：直径9.5×高さ5cm
酵母の種類：パン酵母（イースト）	重さ：74g

「3種類の穀物」という意味のパン

トレコンブロート

Trekornbroad

\\ CUT //

白身魚やサーモンなどの魚介料理に合う。チーズなどを挟んでサンドイッチにしても。

　菓子パンとして食べられるデニッシュ・ペストリーで有名なデンマークのパンだが、こちらはデンマークのポピュラーな食事パン。トレコンブロートとは「3種類の穀物」のことで、それぞれトレは「3つの」、コンは「穀物」、ブロートは「パン」の意味。使用する3つの穀物とは、小麦粉、小麦粉全粒粉、ライ麦粉。ゴマをたっぷり使用するのも特徴のひとつで、表面を覆う他、生地にも練り込まれている。焼成すると、ゴマの香りが際だって食欲をそそる。本場では白ゴマのみが使用され、日本にレシピが伝えられてから、黒ゴマを配合するようになったという。栄養価が高く、食物繊維の豊富な小麦全粒粉、タンパク質や脂質の含まれるゴマを使用していることで、栄養面を見ても申し分のないパンといえる。

―――――――――――（ DATA ）―――――――――――

タイプ：リーン系	焼成法：直焼き
主要穀物：小麦粉、ライ麦粉	サイズ：長さ32.5×幅9.8×高さ8cm
酵母の種類：パン酵母（イースト）	重さ：599g

113

たっぷりのカスタードにアーモンドの風味がアクセント

スパンダワー

Spandauer

\| CUT \|

カスタードクリームとアイシングで、濃厚な甘さに仕上がる。

　日本でも人気の高いペストリーで、日本のパン屋でもよく見かける。デンマークでも、おやつや休日の朝食などで日常的に食べられているデニッシュだ。アーモンドパウダーを加えたマジパンペーストを、四角く広げたデニッシュ生地の四隅に絞って折りたたみ、中央にカスタードクリームをたっぷりと入れて焼き上げる。カスタードクリームの上にアーモンドスライスをのせて焼いたり、焼いたあとにアイシングをリング状、または格子状にほどこしたりもする。名前の由来は、生地を封筒のように4つ折りにすることから、「封筒」の意味のスパンダワーになったという説や、ドイツ・ベルリンの近くにある街スパンダゥからレシピが伝わってきたため、この名がついたという説もある。

DATA

タイプ：リッチ系	焼成法：天板焼き
主要穀物：小麦粉	サイズ：直径9.6×高さ3.8cm
酵母の種類：パン酵母（イースト）	重さ：87g

写真のパンが買える店：広島アンデルセン ⇒ P.183

オーストリアのパン

ヨーロッパの
近代パンの礎となった

　かつてヨーロッパの中心として繁栄したオーストリアは、パン作りにおいてもヨーロッパ各国に大きな影響を与えてきました。バターや卵をたっぷり使うリッチなパンの製法や、フランスパンの製法にもつながった「ポーリッシュ法」は、材料の小麦粉の20〜40%に、同量の水と少量のパン酵母を加えて種を作る製法で、液種法とも呼ばれます。ポーランドで誕生し、ウィーンを経由してパリに伝来しました。また19世紀には製パン用のイーストの研究もさかんに行われました。そのため、オーストリアは「近代パンの故郷」ともいわれています。フランスのクロワッサンやブリオッシュ、デンマークのデニッシュなども、実はオーストリアが発祥という説があります。

　現在のオーストリアでは、リッチなパンもリーンなパンもよく食べられています。ポピュラーなカイザーゼンメルは、昔ながらの製法を受け継ぐシンプルな味わいのパン。大粒の塩をまぶしたサルツシュタンゲルというパンも人気。こうした定番のテーブルロールに加え、小麦粉にライ麦粉や雑穀を混ぜたパンや、中世よりヨーロッパに君臨した名門王家、ハプスブルク家の全盛期に誕生した多様なパンも数多く受け継がれています。

皇帝の王冠をモチーフにした食事パンの定番

カイザーセンメル

Kaisersemmel

\\ CUT //

本場では焼き上がりから
「2時間パン」といわれ、
焼きたてほどクラストが
パリッとしておいしい。

配合例

フランスパン	塩：2%
専用粉：90%	モルトシロップ
薄力粉：10%	：0.3%
パン酵母	脱脂粉乳：2%
（インスタント	バター：3%
イースト）：0.8%	水：64%

　オーストリアを始め、ドイツやスイスでもおなじみのテーブルロール。日本ではカイザーロールと呼ばれることも多い。甘みのないシンプルな生地で、クラストは薄くパリッとし、クラムはやわらかくて軽い食感。表面にケシの実やヒマワリの種をまぶしたものもある。折り目模様のついた独特の形が皇帝（カイザー）の王冠に似ていることから、カイザーセンメルという名前がついたとか。この模様をつけるには、専用の押し型が使われているが、昔は手で生地を折り込んでいた。最終発酵の際、模様の面を下にして置くことで中央のふくらみが抑えられ、平たい形に焼き上がる。本場では水平にスライスしてサンドイッチにすることが多く、ハムやチーズ、野菜などの具をたっぷり挟んだものがよく売られている。

═══ DATA ═══

タイプ：リーン系	焼成法：直焼き
主要穀物：小麦粉	サイズ：直径9.5×高さ4.8cm
酵母の種類：パン酵母（イースト）	重さ：37g

写真のパンが買える店：オーストリア菓子とパンのサイラー ⇒ P.180

おつまみにもなる塩味のテーブルパン

サルツシュタンゲル

Salzstangen

配合例
カイザーセンメル
と同じ。

かすかに甘みがあるので、
ベーコンやハムなど味の濃
い肉類とも相性が良い。

サルツは「塩」、シュタンゲルは「棒」。もともとはスティック形のパンを指していたが、実際には三日月形やロールパン形を作っている店もある。カイザーセンメルと同様に、オーストリアの食卓で親しまれているパンのひとつで、生地の配合も同じ。ただし、成形が違うだけでその食感が異なるのが面白い。薄くのばした生地をくるくる巻くことで生地に層ができ、全体的にはさっくりした食感。特に外側がパリッとし、クラムはもっちりして歯切れがいいのが特徴。表面には塩とキャラウェイシードがまぶしてあり、味わいを引き締めている。そのまま食べるのはもちろん、ビールのおつまみにも。一般的には小麦粉が使われているが、全粒粉やライ麦粉を混ぜたり、牛乳を加えてほんのりミルキーに仕上げたものもある。

DATA

タイプ：リーン系	焼成法：直焼き
主要穀物：小麦粉	サイズ：長さ26×幅4×高さ3.5cm
酵母の種類：パン酵母（イースト）	重さ：48g

写真のパンが買える店：オーストリア菓子とパンのサイラー ⇒ P.180

ヒマワリの種の香ばしさがクセになる

ゾンネンブルーメン

Sonnenblumen

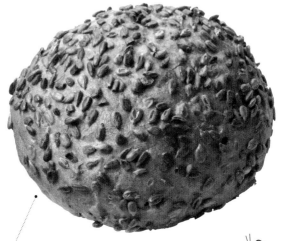

配合例

◎サワー種
ライ麦粉：18.6%
初種：1.8%
水：14.8%

◎本生地
フランスパン
専用粉：81.3%
ライ麦粉：16.2%
サワー種：33.4%
パン酵母
（生イースト）：1.8%
塩：2%
ヒマワリの種：11.6%
水：67.4%

クラストが色づいてふっくらしているものは、中もしっとり焼き上がっている。

　ゾンネンブルーメンとは「ヒマワリ」のこと。小麦粉を主体にライ麦粉やヒマワリの種を加えて生地を作り、表面にも種をまぶして焼く。アーモンドのような風味がライ麦パンの酸味をやわらげ、食感が軽くなる。食物繊維や鉄、ビタミン、ミネラルも豊富なパン。

―――――――― DATA ――――――――

タイプ：リーン系	焼成法：直焼き
主要穀物：小麦粉、ライ麦粉	サイズ：長さ15×幅15×高さ7cm
酵母の種類：サワー種、パン酵母	重さ：60g

写真のパンが買える店：リンデ ⇒ P.188

独特の形の陶器の型で焼く伝統の発酵菓子パン

グーゲルフップフ（クグロフ）

Gugelhupf

深鉢をひねったような、美しいひだが特徴。表面に粉砂糖をふりかけることが多い。

配合例

強力粉：100%	レモンの皮：0.1%
パン酵母	サルタナ
（生イースト）：4%	レーズン：50%
脱脂粉乳：5%	オレンジピール：5%
砂糖：25%	オレンジリキュール：3%
バター：35%	水：46%
卵黄：20%	

　卵やバターの多いリッチな菓子パンで、本場ではお祝いのときによく食べられる。クーゲルは「丸い形」、ホップは「ビール酵母」という意味があり、18世紀以前、ビール酵母のパンが主流だったオーストリアで誕生したとされる。フランスでは「クグロフ」と呼ぶ。

─────────(DATA)─────────

タイプ：リッチ系	焼成法：型焼き
主要穀物：小麦粉	サイズ：直径8×高さ5.5cm
酵母の種類：パン酵母（イースト）	重さ：134g

写真のパンが買える店：ホーフベッカライ エーデッガー・タックス ⇒ P.186

アジア

アフリカ・中東

北米・南米

焼き菓子のようにサクッとした食感

ヌスボイゲル
Nussbeugel

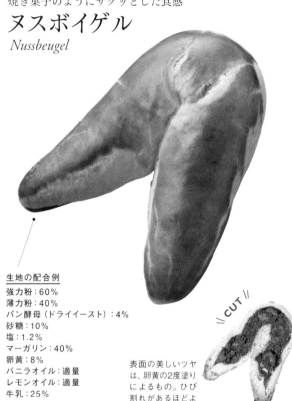

// CUT //

表面の美しいツヤは、卵黄の2度塗りによるもの。ひび割れがあるほどよく焼けている。

__生地の配合例__
強力粉：60%
薄力粉：40%
パン酵母（ドライイースト）：4%
砂糖：10%
塩：1.2%
マーガリン：40%
卵黄：8%
バニラオイル：適量
レモンオイル：適量
牛乳：25%

　ヌスは「ナッツ」、ボイゲルは「曲げる」を意味する「ボイゲン」が変形したもの。平らにのばした生地にフィリングをのせ、生地で包んだものを、馬のひづめ形やV字に整えて焼く。中のフィリングにはヘーゼルナッツやクルミがたっぷり使われ、食べごたえは十分。

―――(DATA)―――

タイプ：リッチ系	焼成法：天板焼き
主要穀物：小麦粉	サイズ：長さ8×幅6×高さ3.5cm
酵母の種類：パン酵母（イースト）	重さ：38g

写真のパンが買える店：ホーフベッカライ エーデッガー・タックス ⇒ P.186

ウィーン発祥のデニッシュ・ペストリー

プルンダー
Plunder

生地の配合例
中力粉：100％
パン酵母（生イースト）：4％
砂糖：12％
塩：1.8％
脱脂粉乳：4％
バター：7％
卵黄：5％
折り込み用バター：40％
水：55％

さくさくの生地に、フルーツやクリームをのせるのが一般的。

　プルンダーは「壊れやすい」の意味。バターをたっぷり折り込んで焼くパンを、英語圏ではデニッシュ・ペストリー、ドイツではデニッシャー・プルンダーと呼び、すべて「デンマーク風」とつく。しかし、発祥は実はオーストリアで、ウィーンのパン職人が開発したといわれる。

─────── DATA ───────

タイプ：リッチ系	焼成法：天板焼き
主要穀物：小麦粉	サイズ：長さ13.5×幅9×高さ4cm
酵母の種類：パン酵母（イースト）	重さ：84g

写真のパンが買える店：ホーフベッカライ エーデッガー・タックス ⇒ P.186

フィンランドのパン

冷涼な気候が育む
体にやさしいライブレッド

　寒冷で痩せた土地が多いフィンランドでは小麦が育ちにくいため、ライ麦粉やライ麦全粒粉を主体としたパンが多く作られています。これらの粉類には食物繊維やビタミン、ミネラルが豊富に含まれているうえ、生地に油脂を加えないことからカロリーも控えめ。こうした背景もあり、フィンランドは大腸がんにかかる人が少ない国として知られています。

　フィンランドのパンは、見た目も中身も実にユニークです。お粥を具にした「カレリアン・ピーラッカ」を始め、表面が黒くテカテカしている「ペルナ・リンプ」など、日本ではあまり見かけないパンが多くあります。他にも円盤形の「ハパン・レイパ」など、水分の少ない長期保存に向くパンも作られています。

　そして、フィンランドは知る人ぞ知るコーヒー大国。1日に何杯も飲むというコーヒータイムに欠かせないのが、「プッラ」と呼ばれる甘い菓子パンです。ライ麦粉ではなく小麦粉が使われ、定番から旬のレシピまで、様々なバリエーションが作られています。

ライ麦たっぷりのポピュラーな食事パン

ルイス・リンプ
Ruis Limppu

\\ CUT /

クラムはもちもち
でしっとり。ゴム
のようなかみごた
えがあるので、ス
ライスは薄く。

配合例
◎元種
ライ麦粉：100%
初種：5.2%
水：100%
◎サワー種
元種：40%
ライ麦全粒粉：34%
水：31%

◎本捏生地
強力粉：30%
ライ麦粉：20%
ライ麦全粒粉：50%
サワー種：105%
パン酵母（生イースト）：2%
塩：2.3%
モルトシロップ：1.1%
水：25%

　フィンランドでよく食べられている、伝統的な田舎パン。表面をなめら
かに焼き上げたものや、反対にひび割れを作ったものなどがある。寒冷
な気候のフィンランドでは、小麦が育ちにくいためライ麦を使ったパンが
多く、ルイス・リンプという名前はまさに「ライ麦パン」という意味。ライ
麦全粒粉のつぶつぶした食感と、ライ麦サワー種の力強い酸味が楽し
める。そして、小麦粉のパンと大きく異なるのがずっしりしたクラム。ラ
イ麦にはグルテンが含まれていないため、生地が発酵しても気泡がふくら
まず、みっちり目の詰まった状態に焼き上がる。そのため、少量食べる
だけでも腹持ちがいい。クラムの味わいに個性があるので、レバーペー
ストや肉料理などしっかりした味つけの料理と相性がいい。

─────── ◖ DATA ◗ ───────

タイプ：リーン系	焼成法：直焼き
主要穀物：ライ麦粉、小麦粉	サイズ：直径20×高さ4cm
酵母の種類：サワー種、パン酵母	重さ：690g

写真のパンが買える店：ムーミンベーカリー＆カフェ ⇒ P.187

じゃがいも入りで素朴な味のパン

ペルナ・リンプ

Peruna Limppu

\\ CUT //

クラストは甘くスモーキーな香りで、クラムはしっとり。少しあたためるとおいしい。

配合例

ライ麦全粒粉
：44%
ライ麦粉：34%
小麦粉：22%　　マッシュポテト：60%
パン酵母：1.2%　モルトシロップ：1%
発酵種：4%　　　キャラウェイシード：3%
塩：2%　　　　　水：63%

　茹でてすりつぶしたじゃがいもを生地に加えた、ライ麦の田舎パン。食物繊維やビタミン類が豊富で栄養価も高い。色が黒くクセが強そうだが、食べてみると意外にも素朴で、酸味も控えめ。食感はもっちりし、かむと甘みがじんわり引き出される。パンの表面には糖蜜が塗られており、これにはツヤを出すのと同時に甘みを加えるという意味があるそう。ただし、お店によっては糖蜜を塗らずに、ひび割れた感じに仕上げる。またフィンランドでは、パンにスパイスを加えることが多く、このパンにもキャラウェイシードが練り込まれていることも。甘く爽やかな香りが濃厚な酸味に丸みをもたせて味のアクセントになっている。食事パンとしてそのまま食べたり、薄くスライスしてオープンサンドにもおすすめ。

――――(DATA)――――

タイプ：リーン系	焼成法：直焼き
主要穀物：ライ麦粉、小麦粉	サイズ：直径16×高さ7cm
酵母の種類：サワー種、パン酵母	重さ：690g

写真のパンが買える店：ムーミンベーカリー&カフェ ⇒ P.187

ライ麦パン初心者にもおすすめのヘルシーなパン

ハパン・リンプ
Happan Limppu

── Column ──
**形で異なる
パンの名称**

ハパン・リンプとハパン・
レイパの生地は、基本的
に同じもの。形の違いで
名称が変わる。

\\ CUT //

厚切りにするとモソモソするので、
薄くスライスするのがおいしく食べ
るコツ。

　丸形や平たいなまこ形で、表面にひびが入りライ麦粉がかかっている。フィンランドのパンは、形の特徴で名前が決まることも多く、ハパン・リンプの生地で薄い円盤状に成形するとハパン・レイパになる。生地の材料は、ライ麦粉とライ麦全粒粉を中心に、小麦粉も配合。サワー種ならではの酸味にはほのかな甘みも感じられるので、ライ麦パンになじみがない人でも食べやすい。クラストは堅く香ばしく焼き上げ、クラムはしっとりきめ細かい歯ごたえとともに、もっちりした食感も楽しめる。また、ライ麦全粒粉が入っているので食物繊維が豊富で、油脂は入っていない。スライスしてバターを塗り、スモークハムやオイルサーディンなどの魚介類をのせたり、野菜スープなどさっぱりした料理とともに食べたい。

───────(DATA)───────

タイプ：リーン系	焼成法：直焼き
主要穀物：ライ麦粉、小麦粉	サイズ：直径20×高さ4㎝
酵母の種類：サワー種、パン酵母	重さ：690g

写真のパンが買える店：ムーミンベーカリー&カフェ ⇒ P.187

酸味をきかせた薄型のライ麦パン

ハパン・レイパ

Hapan Leipa

かみごたえのあるクラストに、しっとりしたクラム。酸味、塩気、甘みのバランスが抜群。

\\ CUT //

　ルイス・リンプと同様、食卓でおなじみの食事パン。「ハパン」とは酸味のことだが、酸っぱいだけでなく、かむほどに甘みが伝わってくるのがこのパンの持ち味だ。そしてユニークなのは、表面に穴がたくさんあいた円盤のような形。生地を薄くのばしたあと表面にピケローラーなどで穴をあけてから焼くと、生地に含まれている空気が抜け、表面がなめらかな厚みの少ないパンになる。お店によって大きな丸い形に焼くこともあれば、中心に大きな穴をあけてリング状に成形することもある。これは、リング状のパンを竿に通して保管していた頃の名残なのだとか。好みの大きさに切り分けてオープンサンドにしたり、水平にナイフを入れて具を挟んで食べる。ハムやチーズの他、サーモンなど魚介類とも相性がよい。

DATA

タイプ：リーン系	焼成法：直焼き
主要穀物：ライ麦粉、小麦粉	サイズ：直径21×高さ1cm
酵母の種類：サワー種、パン酵母	重さ：320g

写真のパンが買える店：ムーミンベーカリー＆カフェ ⇒ P.187

お粥を包んだスナック感覚のパン

カレリアン・ピーラッカ
Karjalan Piirakka

生地の配合例
強力粉：40％
ライ麦粉：48％
ライ麦全粒粉：12％
塩：1.2％
バター：6％
水：49％

\\ CUT \\

あたため直すと美味。本場ではゆで卵
とバターを混ぜた「ムナボイ」をのせる
のが定番。

　「カレリア地方のパイ」という意味。薄くのばしたライ麦生地にミルク
粥をのせ、舟形に包んでオーブンで焼く。パンというよりは、タルトのよ
うにさくさくしている。フィンランドの国民食ともいえる名物パンで、来客
時の軽食としてふるまわれることも。

―――――――――◯ DATA ◯―――――――――

タイプ：リーン系	焼成法：天板焼き
主要穀物：ライ麦粉	サイズ：長さ12×幅8×高さ0.8cm
酵母の種類：酵母不使用	重さ：43g

写真のパンが買える店：キートス ⇒ P.179

甘い生地で作る多彩な菓子パン

プッラ

Pulla

<u>配合例</u>
強力粉：100%
卵：12.5%
塩：1.25%
グラニュー糖：30%
パン酵母
（ドライイースト）：2.75%
カルダモン：3.75%
バター：25%
パールシュガー：適量
シナモン：適量
牛乳：62.5%

甘みのあるふわふわしたクラ
ムは、コーヒーのおともにぴっ
たり。小ぶりなものが多い。

　フィンランドでは甘いパンを総じて「プッラ」と呼ぶ。小麦粉に砂糖やバター、卵などを加えた生地で、様々なプッラが作られている。旬の果物をのせたもの、カスタードクリーム入り、カルダモンなどのスパイス入り、生地を丸めて焼いただけのプッラもある。

―――――――――――(DATA)―――――――――――

タイプ：リッチ系　　　　　　　　　焼成法：天板焼き
主要穀物：小麦粉　　　　　　　　　サイズ：直径8×高さ5.5cm
酵母の種類：パン酵母（イースト）　重さ：45g

写真のパンが買える店：ムーミンベーカリー&カフェ ⇒ P.187

ハンガリーの食卓でおなじみのパン

ポガーチャ

Pogacsa

<u>配合例</u>

強力粉：100%
パン酵母（イースト）：2%
ベーキングパウダー：1%
卵：20%
バター：10%
塩：2%
サワークリーム：10%
パプリカパウダー：少量
牛乳：20%
水：20%

CUT

クラムが詰まっているので、小さいものでも、腹持ちがよい。

　レストランで食事パンや、食事前のおつまみとして出されたり、家庭でおやつとして食べたり、ハンガリーではなじみの深いパン。形はハンガリー版のスコーンといったところだが、生地にサワークリームが入っているため、スコーンよりもコクがあり独特な風味が感じられる。家庭や店ごとに独自のレシピがあり、ラードやチーズ、ベーコンやハム、ハーブを入れたり、茹でてすりつぶしたじゃがいもを混ぜたり、チーズを上にのせて作る場合も。大きさもひと口サイズのものから、こぶし大まで、いろいろだ。パプリカパウダーをたっぷり使ったグヤーシュというハンガリーの伝統的なスープなどと一緒に食べられる。塩気があるので、そのまま食べても十分おいしい。ワインともよく合う。

―――――――――――《 DATA 》―――――――――――

タイプ：リーン系	焼成法：天板焼き
主要穀物：小麦粉	サイズ：直径7×高さ5.5cm
酵母の種類：パン酵母（イースト）	重さ：58g

トッピングのバリエーションを楽しむ揚げパン

ラーンゴシュ

Langos

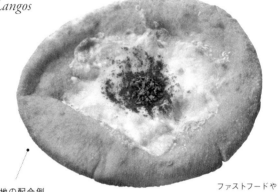

生地の配合例

強力粉：100%
パン酵母（イースト）：2%
ベーキングパウダー：1%
卵：20%
バター：10%
塩：2%
サワークリーム：10%

パプリカパウダー：少量
牛乳：20%
水：20%

\\ CUT //

ファストフードや
リゾート地でも売
られている。揚げ
たてのアツアツが
食べどき。

　ハンガリーで人気のラーンゴシュは、かなり弾力がある揚げパン。その製法は、小麦粉や牛乳などのすべての材料を混ぜ合わせて、ひと晩寝かせ、平たい円形にのばして、油で揚げるというもの。レシピによっては茹でてつぶしたじゃがいもを混ぜることもあり、もちもち食感を出すのにひと役買っている。トッピングとして、上にチーズやニンニク、サワークリームやソーセージなどをのせることもあり、バリエーション豊かだ。ただし、塩をふっただけのプレーンなラーンゴシュも広く親しまれている。なお、ラーンゴシュはサイズが大きいので、本場でも家庭で作らずに店で買ったものを食べることがほとんどだという。また、隣国のオーストリアでも一部の地域では売られている。

〔 DATA 〕

タイプ：リーン系	焼成法：揚げる
主要穀物：小麦粉	サイズ：長さ16.2×幅14.5×高さ2.5cm
酵母の種類：パン酵母（イースト）	重さ：126g

トーストやサンドイッチの定番

イギリスパン

English Bread

\\ CUT \\

焼き上がったら粗熱をとり、余分な水分をしっかり蒸発させてからスライスする。

配合例

強力粉：100%　　脱脂粉乳：1%
パン酵母：2%　　ショートニング：4%
砂糖：4%　　　　水：約70%
塩：2%

　食パン型に入れて焼くパンの中で、フタをせずに山形に焼いたものを、日本ではイギリスパンと呼んでいる。イギリスでの呼び方は「ホワイト・ブレッド」、あるいは「ホワイトローフ」。全粒粉で作られたものは「ブラウンブレッド」という。日本でイギリスパンとして売っているものより、イギリスでは小ぶりなサイズで作られることが多いようだ。生地は小麦粉を主体に砂糖や油脂を少量加えて、ふんわり焼き上げる。他の食パンに比べるときめが粗いのも特徴で、トーストすると表面がザクッとしておいしい。イギリスでは厚切りよりも8枚切り程度に薄くスライスし、両面をこんがり焼いて食べるのが定番とか。甘みが少ない淡泊な味なので、どんな食材も合いやすく、サンドイッチにも向いている。

DATA

タイプ：リーン系	焼成法：型焼き
主要穀物：小麦粉	サイズ：長さ37×幅11.5×高さ18㎝
酵母の種類：パン酵母（イースト）	重さ：1250g

写真のパンが買える店：グリューネ・ベカライ ⇒ P.179

イギリスパン

角食パンとはまた違ったふわふわの食感を楽しめるイギリスパン。
いろいろ食べ比べて、自分好みの味を見つけましょう。
※特記のないものは、すべて税抜価格です。

重さ 441g

19.2cm / 11cm / 13.2cm

ウチキパン
うちきぱん ⇒ P.178
イングランド
1斤／360円（税込）

元祖食パンの店のイギリスパン

日本で初めて食パンを販売したといわれる、創業130年以上の老舗。クラムはきめ細かで口どけがよく綿のようなやわらかさ。クラストはパリッとしている。

使用小麦：小麦粉（2種ブレンド）
酵母の種類：ホップ種、海洋酵母
製法：長期熟成中種法
その他：伯方の塩、モルト使用

重さ 617g

10.5cm / 18.5cm

紀ノ国屋
きのくにや ⇒ P.179
イギリスパン
3枚厚切り／216円（税込）〜

200時間熟成の酵母を使用

スーパーマーケット紀ノ国屋のロングセラー商品。酵母は200時間熟成させたホップ種を使用し、独特の酸味とコクが生まれる。耳までしっとりとしておいしい。

使用小麦：非公開　酵母の種類：ホップ種
製法：ポーリッシュ法

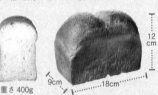

重さ 400g

12cm / 9cm / 18cm

TOAST neighborhood bakery
トースト ネイバーフッド ベイカリー ⇒ P.181
ヴァージンオリーブオイル
1斤／380円

オリーブ油がたっぷり

油脂はオリーブ油のみを使用。それだけに、素材の味がよりダイレクトに感じられる。オリーブ油のさわやかな香りが際だつ。

使用小麦：TYPE ER、キタノカオリ
酵母の種類：パン酵母（ドライイースト）　製法：ストレート法
その他：ヴァージンオリーブ、シママース使用

重さ 342g

11cm / 11cm / 13.8cm

ぱん工場　寛
ぱんこうば　ひろ ⇒ P.182
食ぱん
1斤／270円（税込）

シンプルに焼き上げる毎日のパン

「デイリーに食べてもらいたいパンだから」と、できるだけシンプルな材料で焼き上げる。油脂は使わず、甘みもなるべくおさえた、飽きのこない味。

使用小麦：道春　酵母の種類：白神こだま酵母
製法：ストレート法　その他：果糖、自然塩使用

ファンファン

ふぁんふぁん ⇒ P.183
イギリス食パン

3斤／960円

朝昼晩と食べられる食パン

やわらかいので、持ち帰る箱を用意するお客さんがいるほど。きめが細かく、そのまま食べてもおいしい。3食でも食べられる、クセのない味を心がけている。

使用小麦：カメリヤ　酵母の種類：パン酵母
（生イースト）　製法：ストレート法

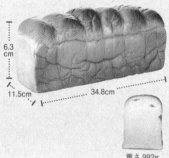

6.3cm
11.5cm
34.8cm

重さ 992g

Boulangerie Sudo

ブーランジェリー スドウ
⇒ P.184
世田山食パン

2斤／700円

軽い口どけと甘さで人気

予約必須の食パン。水分量が多いので内側はきめ細かく、口どけもよい。甘さをしっかりと感じることができる。そのまま食べてもおいしい。

使用小麦：カメリヤ　酵母の種類：ホップ種
製法：ストレート法

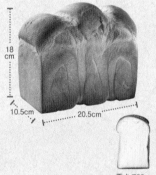

18cm
10.5cm
20.5cm

重さ 759g

フロイン堂

ふろいんどう ⇒ P.185
食パン

1本／840円（税込）

機械は使わずすべて手作業

ミキサーなどは一切使わず、すべて手ごね、焼成もドイツ窯で焼き、すべてが手作り。小麦の風味をじんわり感じる、素朴で優しい味。

使用小麦：Gヨット、イーグル、クイン
酵母の種類：パン酵母（生イースト）
製法：ストレート法　その他：よつ葉バター使用

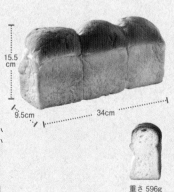

15.5cm
9.5cm
34cm

重さ 596g

香ばしさともっちり感の融合！

イングリッシュ・マフィン
English Muffin

配合例

強力粉：100%	塩：2%
パン酵母	脱脂粉乳：2%
（生イースト）：3%	砂糖：4%
ベーキング	ショートニング：8%
パウダー：1.2%	コーングリッツ：適量
	水：83〜85%

\\ CUT //

表面が平らで、低い円筒形が美しい形。水平に割り、フチに焼き色がつくまで焼く。

　イギリスの伝統的な型焼きパン。「マフィン」の語源は、その昔、手をあたためる防寒具として流行した「マフ」といわれ、このパンを持ってかじかんだ手をあたためたことから、そう呼ばれるようになったとか。イギリスでは単純に「マフィン」というが、焼き菓子タイプのマフィンと区別するため、日本ではイングリッシュ・マフィンと呼ぶ。見た目が白っぽい状態で売られているのは、トーストして食べることを前提としているため。製造工程では、八分ほど火が通った状態でオーブンから出すという。そのため、食べるときに表面をこんがり焼いても、内側はもっちり。水分の多い生地なので、クラムには大きな気泡があり、ざっくりした食感も楽しめる。

DATA

タイプ：リーン系	焼成法：型焼き
主要穀物：小麦粉	サイズ：直径9×高さ3cm
酵母の種類：パン酵母（イースト）、	重さ：57g
ベーキングパウダー	

写真のパンが買える店：紀ノ国屋 ⇒ P.179

アフタヌーンティーとゆかりが深いパン菓子

スコーン

Scone

配合例
薄力粉：100％
ベーキング
パウダー：3.2％
砂糖：26％
塩：0.4％
バター：26％
卵：20％
牛乳：28％

\\ CUT //

「オオカミの口」
といわれる裂け目
から、手で割って
食べるのがイギリ
ス流。

　イギリス人にはごく身近で、発酵のいらないクイックブレッドとして、手作りすることも多い。家庭に代々受け継がれるレシピがあるほどだ。その誕生は18世紀。貴族の間で流行したアフタヌーンティーで、紅茶と一緒に楽しまれるようになった。当時のスコーンはオーツ麦が主体で、鉄板で焼くビスケットのようなものだったとか。現在は膨張剤としてベーキングパウダーを用い、小麦粉を主体にバターや牛乳、砂糖などを混ぜた生地をこね上げ、抜型で抜いてオーブンで焼く。イギリスでは、クロテッドクリームやジャムをたっぷりつけて食べる習慣があるため、スコーン自体の甘みは少ない。スコットランドにあるスコーン城で、玉座の土台に使われていた「運命の石」にちなんだものが名前の由来という説がある。

―――――――――――（ DATA ）―――――――――――

タイプ：リッチ系	焼成法：天板焼き
主要穀物：小麦粉	サイズ：直径6.9×高さ5.2cm
酵母の種類：酵母不使用。	重さ：64g
ベーキングパウダー	

発酵なしで手軽に作れるパン

ブラウンブレッド

Brownbread

配合例
全粒粉：100%
ベーキングパウダー：2%
砂糖：4%
塩：0.4%
バター：8%
プレーン
ヨーグルト
：80%

\\ CUT /

スライスしたら
トーストはせず、
そのままバターや
ジャムを塗って食
べるとおいしい。

　アイルランドで生まれた発酵させないで作るクイックブレッド。伝統的なレシピは、小麦粉・重曹・食塩・バターミルクの4つからなり、このうち、バターミルクに含まれる乳酸と膨張剤が反応して生地がふくらむ。バターミルクが手に入らないときは、ヨーグルトやサワークリームを加えることもある。パン作りは時間がかかるというイメージがあるが、ブラウンブレッドなら発酵いらずなので、完成まであっという間。アイルランドの家庭では自家製のブラウンブレッドが日常的に楽しまれている。全粒粉を使うと茶色っぽい生地になり、アイルランドではこちらのほうが主流。薄力粉で作った場合は白っぽくなり、ソーダブレッドとも呼ばれる。目の詰まったクラムで、外側はさくさく、内側はしっとりとし、ソフトビスケットのような食感。

―――――(DATA)―――――

タイプ：リーン系	焼成法：型焼き
主要穀物：小麦粉	サイズ：長さ36.5×幅7.3×高さ7cm
酵母の種類：酵母不使用。膨張剤、 または乳酸菌	重さ：912g

古来の風習から生まれたというソフトな編みパン

ツオップ
Zopf

配合例
フランスパン専用粉：100%
パン酵母（生イースト）：4%
塩：2%
砂糖：8%
卵：12%
バター：12%
牛乳：60%

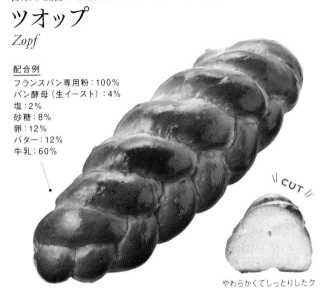

\\ CUT \\

やわらかくてしっとりしたクラムは、手でちぎるとほんのり甘い香りがただよう。

　15世紀にスイスで誕生したとされ、ドイツやオーストリアなどヨーロッパ各地で作られている。ツオップという名前は「編み込んだ髪」という意味。その昔、ヨーロッパでは当主が亡くなると、妻の髪を編み込んで埋葬する慣わしがあり、やがてパンで代用されるようになったという話も伝わる。ふたつ編みから6つ編みまでいろいろな形状で作られているが、生地を編む作業はどのパン屋でも職人が手編みで作っている。ドイツのツオップは、レーズンやアーモンドを入れた甘めの生地が多く、写真のようなスイスのものは甘さが抑えられ、食事パンとして親しまれている。食感はソフトだが、軽いというより弾力のあるのびやかな生地で、口どけはなめらか。ひと口でバターの香りが広がる。ジャムやチーズとの相性もいい。

―― DATA ――

タイプ：リッチ系	焼成法：天板焼き
主要穀物：小麦粉	サイズ：長さ24×幅9×高さ8cm
酵母の種類：パン酵母（イースト）	重さ：220g

写真のパンが買える店：グリューネ・ベカライ ⇒ P.179

小さなパンをつなげた甘くない食事パン

テッシーナブロート

Tessinerbrot

配合例
フランスパン専用粉：100％
パン酵母：4％
粉末発酵種：2.5％
塩：2％
モルトシロップ：1％
オリーブ油：5％
水：約50％

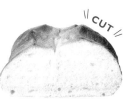

\\ CUT //

口あたりの軽いクラムをひと
口サイズにカットして、チー
ズフォンデュにも。

　プチパンを数個つなげて大きく焼き上げたパン。スイス南部のティチーノ州で誕生し、現在はスイス全土で親しまれている。小さなパンの表面にそれぞれハサミでクープを入れて、カリッとしたクラストに焼き上げる。砂糖を入れないリーンな生地で、ざくっとした食感。

───(DATA)───

タイプ：リーン系	焼成法：直焼き
主要穀物：小麦粉、ライ麦粉	サイズ：長さ21×幅14×高さ7.7cm
酵母の種類：パン酵母（イースト）	重さ：278g

高加水から生まれるもちもちの食感

ビューリーブロート

Bürlibrot

配合例
小麦粉：100％
パン酵母：2.1％
塩：3％
水：約90％

\\ CUT \\

スライスしてその
まま食べてもおい
しいが、軽くトー
ストするとより香
ばしくなる。

　スイス東部のザンクト・ガレンの修道院で誕生したパン。小麦粉また
はライ麦粉を主体とし、水、塩、パン酵母のみのシンプルな材料で作ら
れる。クラストはしっかり焼き込まれ、クラムは水分をたっぷり含んでも
ちもち。クルミやレーズンを入れることもある。

―――――――――――――◉ DATA ◉―――――――――――――

タイプ：リーン系	焼成法：直焼き
主要穀物：小麦粉、ライ麦粉	サイズ：長さ20×幅12×高さ8cm
酵母の種類：パン酵母（イースト）	重さ：350g

写真のパンが買える店：グリューネ・ベカライ ⇒ P.179

表面に現れたひび割れ模様が特徴

タイガーブロート（ダッチブレッド）
Tijgerbrood / Dutch Bread

CUT

ひび割れがくっきり入っているほど、パンが勢いよくふくらんだ証拠。

配合例

フランスパン
専用粉：100%
パン酵母
（生イースト）：2%
塩：2%
モルトシロップ：0.3%

脱脂粉乳：3％
砂糖：2%
ショートニング：3%
卵：5%
水：57%
ペースト生地：適量

　タイガーブロートという名前は、表面のひび割れがトラの模様に似ていることから。日本ではダッチブレッドやタイガーブレッドと呼ばれることが多い。形を整えたパン生地の上部に、米粉などを用いたペースト状の生地を塗ってから焼成すると、焼き上がりの表面に細かいひび割れが生じる。フランスパンは、クープを入れることでカリッとしたクラストに仕上げるが、タイガーブロートはこのペースト生地の部分が薄いクラストになり、香ばしい食感を生んでいる。クラムはきめ細かで軽い食感。丸形以外にも、オランダでは型に入れて焼く角形や円柱形、楕円など様々な形のタイガーブロートが作られている。材料の粉も、小麦粉や全粒粉などバリエーションが豊富。チーズやベーコンを加えて焼くこともある。

― **DATA** ―

タイプ：リーン系	焼成法：天板焼き
主要穀物：小麦粉、米粉	サイズ：直径15×高さ8.7cm
酵母の種類：パン酵母（イースト）	重さ：234g

写真のパンが買える店：広島アンデルセン ⇒ P.183

パーティー料理としても定番のスナックパン

ピロシキ
Pirozhki

生地の配合例
強力粉：100％
パン酵母
（ドライイースト）：2％
砂糖：6％
卵：4％
塩：1.6％
バター：8％
牛乳：66.6％

\\ CUT //

油で揚げたものは表面がサクッとし、オーブンで焼いたものはパリッとした食感。

　日本でピロシキというと、ひき肉や春雨などを炒めたものをパン生地で包み、油で揚げたものがポピュラーだが、ロシアのピロシキは、かなりバラエティー豊か。ヨーロッパに近い地域では、オーブンで焼いたものが多く、シベリア側では油で揚げたピロシキが多いとか。本場では、具の内容にこれといった決まりはなく、ひき肉や旬の野菜を始め、ゆで卵やきのこ、そして、ご飯を具にすることも。さらには、甘く煮た果物を包んだおやつ系のピロシキもある。もともとは家庭料理として発祥したパンだが、現在はロシアの代表的な料理として浸透し、フォーマルな場でメイン料理として提供されることも。家庭ではあり合わせの食材でお手製のピロシキが楽しまれていたり、街中の屋台ではファストフードとしても人気がある。

―――――――――（ DATA ）―――――――――

タイプ：リーン系	焼成法：天板焼き、または揚げる
主要穀物：小麦粉	サイズ：長さ8×幅6.5×高さ4cm
酵母の種類：パン酵母（イースト）	重さ：84g

写真のパンが買える店：ロシア料理レストラン ロゴスキー ⇒ P.189

強い酸味と香りがクセになるライ麦パン

黒パン
Rye bread

\ CUT /

配合例

強力粉：47.4%	サワー種
ライ麦粉：44.7%	：26.3%
そば粉：7.9%	塩：1.6%
パン酵母	砂糖：5.8%
（生イースト）	サラダ油：2%
：1.6%	水：40%

5～10mmほど
に薄くスライス
するのがおい
しく食べるコ
ツ。翌日以降
が食べ頃。

　ロシアの主食パンには小麦100%の白パンと、粗挽きのライ麦粉を主体とし、小麦粉とそば粉を加えた黒パンがある。ずっしりとしたロシアの黒パンは、日本のパン屋で見かけることは少ないが、パンの種類としては、ドイツのプンパニッケル（P.76）に近い。ロシアの伝統製法ではライ麦サワー種を用いてじっくり発酵させ、コクのある酸味を引き出していく。手間ひまのかかるパンだが、ぎゅっと目の詰まったクラムは栄養価も高く、かむほどに粉のうまみが口の中に広がる。ロシアのライ麦パンならではの強い酸味と香ばしさがあり、サワークリームをつけて食べるのが定番。本場ではボルシチに添えられることも多い。また、キャビアなど塩気の強いものやハーブとの相性もよく、上にのせてオープンサンドにしても。

(DATA)

タイプ：リーン系	焼成法：型焼き
主要穀物：ライ麦粉、小麦粉、そば粉	サイズ：長さ18×幅9.5×高さ9cm
酵母の種類：パン酵母（イースト）、	重さ：677g
サワー種	

写真のパンが買える店：ロシア料理レストラン ロゴスキー ⇒ P.189

マヨルカ島が発祥の伝統菓子

エンサイマーダ

Ensaimada

配合例

小麦粉：100％
パン酵母
（ドライイースト）：1.2％
砂糖：24％
卵：26％
油脂：26％
牛乳：40％
塩：2％

かぼちゃクリームやホイップクリームなどの、フィリングが入っている場合もある。

　渦巻き状のエンサイマーダは、スペイン東部のマヨルカ島に伝わる菓子パン。バターの代わりにラードを使う。17世紀頃までは、祝日のお菓子だったが、現在は島のパン屋で年中目にする。大きさはひとり用から切り分けて食べるサイズまである。

――――――――（ DATA ）――――――――

タイプ：リッチ系	焼成法：天板焼き
主要穀物：小麦粉	サイズ：直径10×高さ4.7㎝
酵母の種類：パン酵母（イースト）	重さ：45g

写真のパンが買える店：マヨルカ ⇒ P.187

スペイン

トルコ

チーズをのせないスペイン版ピッツァ

コカ

Coca

配合例
強力粉：100%
パン酵母（ドライイースト）：2.4%
塩：1%
オリーブ油：24%
バター：6%
水：42%

\\ CUT \\

平たい形が一般的だが、店や地域に
よって、厚みのあるものもある。

　バレンシアなど、スペイン東部でよく食べられている。パンの上に
具をのせて楽しむ、ピッツァのようなパン。ただし、チーズは使わな
い。具は、ドライフルーツ、カスタードクリームなどの甘い系から、
チョリソーやアンチョビをのせた惣菜系まである。

―――――(DATA)―――――

タイプ：リーン系	焼成法：天板焼き
主要穀物：小麦粉	サイズ：長さ12×幅9×高さ4cm
酵母の種類：パン酵母（イースト）	重さ：63g

写真のパンが食べられる店：Mon-RICO（モン・リコ）⇒ P.188

トルコでポピュラーな平たいパン

エキメキ

Ekmek

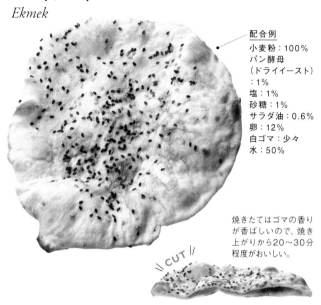

配合例
小麦粉：100％
パン酵母
（ドライイースト）
：1％
塩：1％
砂糖：1％
サラダ油：0.6％
卵：12％
白ゴマ：少々
水：50％

焼きたてはゴマの香り
が香ばしいので、焼き
上がりから20〜30分
程度がおいしい。

\\ CUT //

　エキメキとは、トルコ語でパンの総称のこと。そのため形状やトッピングにはバリエーションがある。多いのは、ナンのような平たい形で、パリパリとしたクラストにクラムはもっちりとした食感のもの。そして写真のように中が空洞になっているポケット状のものや、都市部ではフランスパンのような棒状も見られる。トッピングも白ゴマをふりかけるもの、生地にナッツやクミンシードなどを混ぜるものなど幅広い。本場では自分の好きな具をベーカリーに持参するとエキメキにのせて焼いてくれるという。スープや煮込み料理、サラダなど、食卓にあがるおかずと一緒に食べたり、シンプルにハチミツやヨーグルトなどと食べる。ポケット型のものは、ドネルケバブという焼き肉や野菜などを挟んで食べることも。

―――――(DATA)―――――

タイプ：リーン系	焼成法：直焼き
主要穀物：小麦粉	サイズ：直径17×高さ3.5㎝
酵母の種類：パン酵母（イースト）	重さ：62g

ピザの原型ともいわれる平たいパン

ピデ
Pide

\\ CUT //

写真はフィリングをのせないタイプ。クラムがもちもちとしており、香ばしい。

配合例
強力粉：100%
パン酵母
（ドライイースト）
：0.5%
塩：2.5%
砂糖：2.5%
水：62.5%

主にトルコ東部で作られている平焼きのパンで、イタリアのピザの原形となったという説がある。上に何ものせない丸形の他、フィリングをのせて小舟形に成形するものも。フィリングは、ホウレンソウやトマト、ピーマン、チーズ、牛ひき肉などがある。

⎯⎯⎯ DATA ⎯⎯⎯

タイプ：リーン系	焼成法：直焼き
主要穀物：小麦粉	サイズ：直径22×高さ3.5cm
酵母の種類：パン酵母（イースト）	重さ：366g

カレーなどの味の濃い料理に合わせて

ラバシュ
Lavash

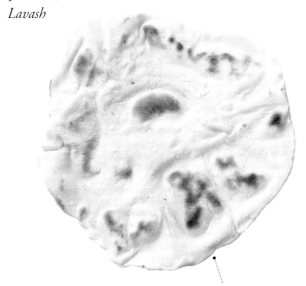

\ CUT /

そのままちぎって食べたり、肉や野菜を包んだり、のせて食べたりする。

配合例
強力粉：100%
パン酵母
（ドライイースト）：1%
塩：2%
ゴマ：適量
水：60%

　トルコやイランなどの中東で日常的に食べられている薄焼きパン。シンプルな材料で作られているため、小麦粉の味が際だつ。薄いパンにするため、発酵時間は約30分とごく短め。カレーやドネルケバブなどの濃い味付けの料理によく合う。

◁ DATA ▷

タイプ：リーン系	焼成法：直焼き
主要穀物：小麦粉	サイズ：直径22×高さ5cm
酵母の種類：パン酵母（イースト）	重さ：81g

ポケットに具を挟んで楽しむ

ピタ

Pita

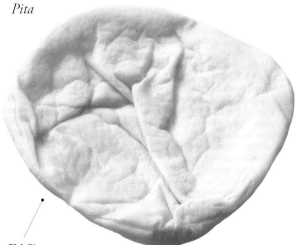

配合例
強力粉：100%
パン酵母
（インスタント
ドライイースト）：0.6%
塩：1.5%
砂糖：1%
ショート
ニング：3%
水：65%

\\ CUT //

上手に焼けたものは、半分にカットした
とき中がすべて空洞になっている。

　中東に数千年前から伝わり、現在はギリシャやイスラエルなど各国の都市部で食べられている。中を空洞にするには、高温で一気に加熱できる設備が必要。そのため現地では、家庭で作ったピタの生地をパン屋に持ち込み、高温のオーブンで焼いてもらう人もいるとか。

─────(DATA)─────

タイプ：リーン系	焼成法：直焼き
主要穀物：小麦粉	サイズ：直径14×高さ1.5cm
酵母の種類：パン酵母、	重さ：55g
または酵母不使用	

イランではおなじみのナンの一種

バルバリ
Barbari

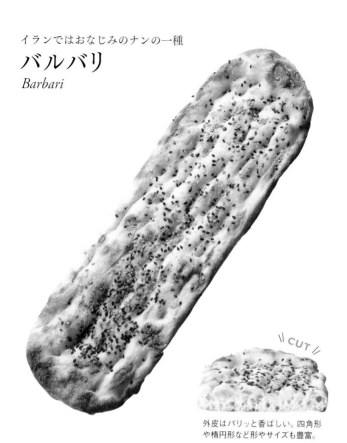

\\ CUT //

外皮はパリッと香ばしい。四角形
や楕円形など形やサイズも豊富。

　イランでは、インドと同様にナンがよく食べられている。その中でも特
に親しまれているのが、ほんのり塩味のバルバリ。小麦粉、水、イース
ト、塩などのシンプルな配合の生地を約3時間じっくり発酵させて焼き上
げる。一般的なナンより厚みがあってもちもちした食感。

―――――――――――(DATA)―――――――――――

タイプ：リーン系	焼成法：直焼き
主要穀物：小麦粉	サイズ：長さ32×幅10×高さ25cm
酵母の種類：パン酵母（イースト）	重さ：163g

写真のパンが食べられる店：サバラン ⇒ P.180

栄養豊富なエチオピアの主食

インジェラ
Injera

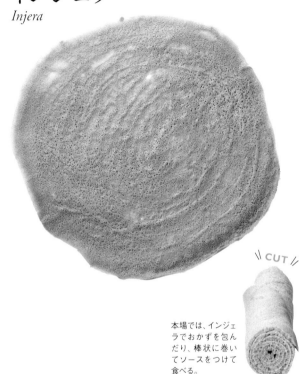

\\ CUT \\

本場では、インジェラでおかずを包んだり、棒状に巻いてソースをつけて食べる。

　クレープのように薄く焼いたパン。高原地帯のエチオピアに育つ「テフ」という穀物の粉末に、水を加えて発酵生地を作る。テフはビタミン、カルシウム、鉄分が豊富に含まれていて、とてもヘルシー。見た目はそば粉に似ているが、少し酸味があり、味は好みが分かれる。

─ DATA ─

タイプ：リーン系	焼成法：直焼き
主要穀物：テフ粉	サイズ：直径37cm
酵母の種類：自然発酵、乳酸菌	重さ：175g

写真のパンが食べられる店：クイーンシーバ ⇒ P.179

香辛料を混ぜ込んだハーブ風味のパン

ダボ
Dabo

ブラッククミンやコリア
ンダーなどのスパイスを
混ぜるので、切るとスパイ
シーな香りが立つ。

　エチオピアでは、小麦粉で作ったパンのことを「ダボ」という。小麦
粉などの基本的な材料に、エチオピアのミックススパイス「ベルベレ」
を始め、十数種類ものスパイスを加えて焼き上げるのが特徴。本場では、
朝食やコーヒータイムにも食べられている。

─────────(DATA)─────────

タイプ：リーン系	焼成法：型焼き、または天板焼き
主要穀物：小麦粉	サイズ：長さ4.5×幅1.5×高さ9cm（1切れ）
酵母の種類：パン酵母（イースト）	重さ：20g（1切れ）

写真のパンが食べられる店：クイーンシーバ ⇒ P.179

アメリカのパン

異文化の交流から
オリジナルに発展

　移民によって拓かれたアメリカでは、ヨーロッパから持ち込まれたパンに、アメリカの風土や製法の工夫が加わって、オリジナルのパンへと進化しました。たとえばイギリスから伝わったというホワイト・ブレッド。新大陸にやってきた入植者たちは、タンパク質の多い良質な小麦の栽培に取り組み、アメリカ流のやわらかい食パンを開発しました。やがて工場での大量生産が可能になり、ホワイト・ブレッドはアメリカの主食として親しまれるようになったのです。

　ユダヤ系の移民が伝えたというベーグルは、スライスして具を挟むという新しい食べ方が、若者たちに受け入れられました。イギリスが発祥とされるマフィン、スウェーデンのシナモンロールも、アメリカらしいアレンジが加わり、今となっては本場をしのぐ人気ぶり。また、近年はヘルシーなパンへの注目も高まっています。ア

メリカの食生活は食物繊維が不足しがちなため、食物繊維が多く含まれる全粒粉のパンが人気。アメリカのサンドイッチ店では、白いパンか全粒粉入りのパンかを選べるところも多いようです。

食卓でおなじみのパン

バターロール

Butterroll

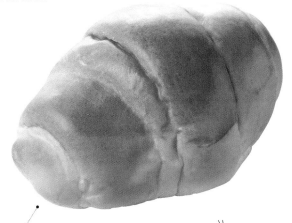

配合例
強力粉：90％
薄力粉：10％
パン酵母（ドライイースト）：1.2％
バター：15％
卵：13％
塩：1.7％
砂糖：12％
水：47％

バターロールの定番は
生地を棒状にしてくる
くる巻いたロール形だ
が、丸形などもある。

　生地にバターを多く入れたパン。テーブルロールは小型の食事パンの
総称だが、日本ではバターロールがテーブルロールの定番となっている。
バターの風味とやわらかく軽い口あたりはサンドイッチなどの惣菜パンに
しても、ジャムをつけても合う。

DATA

タイプ：リッチ系	焼成法：天板焼き
主要穀物：小麦粉	サイズ：長さ9.5×幅6×高さ4.7cm
酵母の種類：パン酵母（イースト）	重さ：34g

ドライフルーツの自然な甘みがぎっしり

レーズン・ブレッド

Raisin bread

配合例

◎中種
強力粉：70%
パン酵母
（生イースト）：3%
水：42%

◎本捏生地
強力粉：30%
塩：2%
脱脂粉乳：2%
砂糖：8%
バター：6%
ショートニング：4%
卵黄：5%
レーズン：50%
水：24%

\\ CUT \\

ほのかに甘みのある
生地はバターとの相
性がいい。軽くトース
トしてもおいしい。

　レーズンの生産が盛んなアメリカでは、パンや料理にレーズンが
よく使われている。小麦粉の分量に対して30〜70%にあたる分量の
レーズンを配合したレーズン・ブレッドは生地にナチュラルな甘みが
加わり、口あたりもしっとりしている。

── DATA ──

タイプ：リッチ系	焼成法：型焼き
主要穀物：小麦粉	サイズ：長さ16×幅8.5×高さ11.5cm
酵母の種類：パン酵母	重さ：305g

写真のパンが買える店：ブーランジェリー・パルムドール ⇒ P.184

ヘルシー志向のニューヨーカー御用達

ベーグル

Bagel

配合例
強力粉：50％
中力粉：40％
ライ麦粉：10％
パン酵母
（インスタント
ドライイースト）
：0.6％
塩：1.5％
はちみつ：6％
水：50％

\\ CUT //

気泡の入らない密なクラムは
弾力がある。水平にスライス
してベーグルサンドにしても。

　日本でも人気のパンのひとつであるベーグルだが、本場として呼び声が高いのはニューヨーク。もともとはユダヤ人の朝食として親しまれていたパンで、1900年前後、アメリカに移住した人々が製法を伝えたとされる。特徴はもちもちの食感。これはリング状に成形した生地を、一度お湯で茹でることから引き出される。茹でることで、焼成時に生地のふくらみが抑えられ、みっちりした歯ごたえのあるクラムになる。さらに、生地の表面に水分がたっぷり蓄えられるので、ツヤのあるパリッとしたクラストに焼き上がる。現在は生地にゴマやドライフルーツを練り込んだものなど、バラエティー豊かなベーグルが作られている。油脂を入れないため低脂肪かつローカロリーで、健康志向の人にぴったり。

―――――――――――――――――――――(DATA)――――――――――――――――――――――

タイプ：リーン系	焼成法：天板焼き
主要穀物：小麦粉	サイズ：長さ11.5×幅10×高さ3.3cm
酵母の種類：パン酵母（イースト）	重さ：122g

写真のパンが買える店：Zopf（ツオップ）⇒ P.181

ベーグル

形や大きさ、生地の製法などの他に、味の種類も様々なベーグル。
トッピングや生地に練り込む素材も、店ごとにこだわりを持っています。
※特記のないものは、すべて税抜価格です。

Kepobagels
ケポベーグルズ
⇒ P.179

和ベーグル　ざらめ
1個／180円（テイクアウト）、187円（イートイン）

ざらめ糖の食感がクセになる

茹でたベーグルの表面に、和素材のざらめ糖をコーティングした和のベーグル。むっちりとした皮ともっちりした中身に、カリカリのざらめ糖がアクセントに。

使用小麦：ゆめちから　酵母の種類：ホシノ酵母
製法：オーバーナイト法　その他：ざらめ糖使用

9cm ／ 10cm ／ 3cm

重さ 98g

---

coharu＊bagel
コハルベーグル
⇒ P.180

オレンジクリチベーグル
1個／291円（税込）

皮バリ中もちの新食感ベーグル

国産小麦使用。バリッとした皮に対し、中身はもちもちの食感。ほのかに甘い生地、クリームチーズの酸味、ほろ苦いオレンジピールがマッチしている。

使用小麦：春よ恋　酵母の種類：天然酵母
製法：ストレート法
その他：オレンジピール、クリームチーズ使用

φ9.4cm ／ 4.5cm

重さ 145g

パン屋 たね
パンヤタネ　⇒ P.183

ベーグル（ブルーベリー）
1個／213円

ブレンド小麦の新食感ベーグル

コシの強いグルテンを含むデュラム小麦に北海道小麦をブレンドした生地は、表面はさっくり、中はむっちりの新食感。お店でいちばん人気のベーグル。

使用小麦：デュエリオ、エゾシカ
酵母の種類：パン酵母（インスタントイースト）
製法：ストレート法

φ7.5cm ／ 3.3cm

重さ 78g

HIGU BAGEL&CAFE

ヒグ ベーグル＆カフェ ⇒ P.183
ローストオニオンベーグル

1個／176円

玉ねぎの香りにそそられる
石窯焼きベーグル

卵や乳製品、油脂などは一切使用せず、ごくシンプルな材料ながら、石窯で焼くことで粉のうまみが最大限に引き出される。飴色玉ねぎの香りも食欲をそそる。

使用小麦：強力粉、石臼挽き強力粉
酵母の種類：パン酵母（生イースト）
製法：湯種製法
その他：きび砂糖、ローストオニオンパウダー、フライドオニオン使用

φ 8.5 cm

3.4 cm

重さ 119g

BAGEL U

ベーグルU ⇒ P.185
ニューヨークスタイルプレーンベーグル

1個／140円

少ない酵母で粉のうまみを引き出す

本場ニューヨークのような、皮のひきが強く、かみごたえのあるベーグルを目指す。イーストを少量におさえているので、粉本来のうまみや甘み、香りが堪能できる。

使用小麦：強力粉　酵母の種類：パン酵母
（生イースト）　製法：ストレート法
その他：ブラウンシュガー、伯方の塩使用

9.3 cm

⟵ 11.5cm ⟶

4.2 cm

重さ 119g

Pomme de terre

ポム・ド・テール
⇒ P.187
チョコ＆オレンジ＆オレンジチョコベーグル

1個／288円

マーブル模様が楽しい

巻き込み成形により、美しいマーブル模様ができあがる。生地を冷蔵でじっくり寝かせる低温長時間発酵で、皮はパリッ、中がもちもちに。秋冬期間に販売。

使用小麦：ゆめちから、きたほなみ、春よ恋全粒粉
酵母の種類：パン酵母（インスタントイースト）
製法：中種法
その他：ゲランドの塩使用

9.8 cm

⟵ 11cm ⟶

5 cm

重さ 119g

油で揚げてふくらませるソフトな発酵菓子

ドーナツ
Doughnut

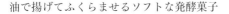

配合例

強力粉：70%	砂糖：12%
薄力粉：30%	バター：5%
パン酵母（生イースト）：4%	ショートニング：7%
ベーキングパウダー：1%	卵黄：8%
塩：1.2%	ナツメグ：0.1%
脱脂粉乳：4%	レモンの皮：適量
	水：46%

∖∖ CUT ∕∕

揚げたてほど表面がカリッとしておいしい。表面を砂糖でコーティングしたものも多い。

　小麦粉に卵、砂糖、乳製品などを加えた生地を、油で揚げてふくらませる。オランダの揚げ菓子オリーボルが原型とされ、揚げた生地（英語でドゥ）の上にナッツをのせていたことから、ドーナッツと呼ばれるようになったとか。真ん中に穴をあけるスタイルは、揚げるときに熱が均一に通るようにとアメリカで考案された。生地を棒状にしてねじったツイストドーナツや、小さい球状に丸めたドーナツ、揚げたあとにクリームやジャムなどを入れるドーナツも人気。また、ふくらませる材料による食感の違いもあり、パン生地を使ったドーナツはイーストドーナツと呼ばれ、ふっくらした揚げパンのよう。ベーキングパウダーでふくらませる無発酵生地のドーナツはさっくりした食感で、ケーキドーナツと呼ばれる。

─────────── ⟨ DATA ⟩ ───────────

タイプ：リッチ系	焼成法：揚げる
主要穀物：小麦粉	サイズ：長さ7.5×幅8×高さ2.5cm
酵母の種類：パン酵母（イースト）、	重さ：44g
またはベーキングパウダー使用	

写真のパンが買える店：ボワ・ド・ヴァンセンヌ ⇒ P.187

クセのないシンプルな食事パン

ホワイト・ブレッド
White Bread

\\ CUT //

軽くトーストして、
バターやジャムを
たっぷり塗るのも
おすすめ。

アメリカではベーシックな食事パン。やわらかさが求められる日本の食パンより、弾力が強い傾向。サイズも日本のものより小ぶり。クセのないシンプルな生地はどんな食材にも合わせやすく、朝食のベーコンや卵料理に添えたり、サンドイッチにも向いている。

―――――◯ DATA ◯―――――

タイプ：リーン系　　　　　　　　焼成法：型焼き
主要穀物：小麦粉　　　　　　　　サイズ：長さ18.9×幅9.8×高さ9.5cm
酵母の種類：パン酵母（イースト）　重さ：391g

写真のパンが買える店：紀ノ国屋 ⇒ P.179

全粒粉を使った体にやさしい食パン

ホールホイート・ブレッド

Whole-wheat bread

\\ **CUT** \\

配合例
小麦粉：70%
全粒粉：30%
イースト：3%
砂糖：3%
塩：2%
モルト：0.3%
イーストフード：0.1%
マーガリン：2%
水：65%

本場では全粒粉100%が基本。アメリカでは1ポンド（約450g）の重さに焼くのが一般的。

　ホールホイートとは小麦を丸ごと挽いた「全粒粉」のこと。この小麦粉を使うため、胚芽やふすま入りの茶色いパンができる。ビタミンやミネラル、食物繊維が多く、健康志向の人に好まれるパン。軽くトーストすると、香ばしさと自然な甘みが引き出される。

──(DATA)──

タイプ：リーン系	焼成法：型焼き
主要穀物：小麦粉（全粒粉）	サイズ：長さ17.9×幅8.5×高さ13.9cm
酵母の種類：パン酵母（イースト）	重さ：358g

写真のパンが買える店：ボワ・ド・ヴァンセンヌ ⇒ P.187

ハンバーグをおいしく味わうために誕生

バン（ハンバーガーバンズ）

Bun

カットした断面を軽くトーストすると
水分が抜け、カリッと香ばしくなる。

配合例

強力粉：60%	塩：1.2%
薄力粉：40%	バター：5%
パン酵母：2.5%	白ゴマ：適量
スキムミルク：5%	水：55%
砂糖：5%	牛乳：12.5%

　英語圏ではロールパンを総じて「バン」という。とりわけ、ハンバーグを挟むために丸く成形したものは、ハンバーガーバンズと呼ばれている。その発祥は19世紀後半。労働者向けにハンバーグを挟んだパンが売られるようになり、ハンバーガーバンズもこの頃に誕生したと考えられている。その特徴は、色濃く焼き上げた香ばしいクラストと、ソフトで弾力のあるクラム。クセがなく、ハンバーグや野菜のおいしさを引き立てる。店によっては表面にゴマをまぶす場合も。アメリカでは全粒粉を使ったものや、サワー種を用いた酸味のあるパンも作られている。ちなみに水平にカットしたバンは、上側を「クラウン」（冠）、下側を「ヒール」（かかと）と表現。真ん中にもう1枚挟んである場合は「クラブ」と呼ぶ。

―――――――《 **DATA** 》―――――――

タイプ：リッチ系	焼成法：天板焼き
主要穀物：小麦粉	サイズ：直径10×高さ3.5cm
酵母の種類：パン酵母（イースト）	重さ：46g

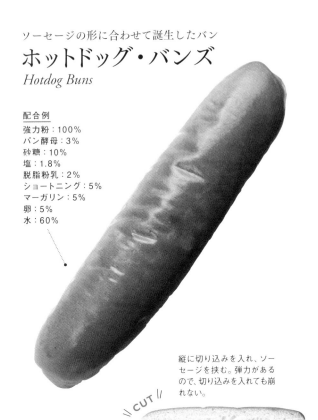

ソーセージの形に合わせて誕生したパン

ホットドッグ・バンズ

Hotdog Buns

配合例
強力粉：100%
パン酵母：3%
砂糖：10%
塩：1.8%
脱脂粉乳：2%
ショートニング：5%
マーガリン：5%
卵：5%
水：60%

縦に切り込みを入れ、ソーセージを挟む。弾力があるので、切り込みを入れても崩れない。

\\ CUT //

　19世紀後半ドイツ系の移民によってアメリカにソーセージが持ち込まれ、これを細長いパンに挟んだものが広まった。形が犬のダックスフントに似ていたことから、ホットドッグという名で親しまれるようになった。生地に砂糖や油脂を加え、ソフトに焼き上げる。

╭─── DATA ───╮

タイプ：リッチ系	焼成法：天板焼き
主要穀物：小麦粉	サイズ：長さ19.5×幅4.5×高さ3.5cm
酵母の種類：パン酵母（イースト）	重さ：44g

型に流し込んで焼くパン屋さんのお菓子

マフィン
Muffin

配合例
薄力粉：100％
ベーキングパウダー：2％
砂糖：70％
ハチミツ：10％
牛乳：20％
サラダ油：25％
卵：55％
卵黄：5％

\\ CUT \\

冷めたらあたため
直して食べると美
味。コーヒーや紅
茶ともよく合う。

　パン酵母の代わりにベーキングパウダーを使う焼き菓子。小麦粉、砂
糖、卵、バターなどを混ぜた生地を、専用の型に入れて焼く。生地には
トッピングを加えることもある。油脂の割合は少なめで、ホロッとした食
感。日本の甘食の原型ともいわれる。

―――――――― DATA ――――――――

タイプ：リッチ系	焼成法：型焼き
主要穀物：小麦粉	サイズ：直径6.5×高さ7.4㎝
酵母の種類：酵母不使用。	重さ：68g
ベーキングパウダー	

写真のパンが買える店：オーストリア菓子とパンのサイラー ⇒ P.180

シナモンの香りと甘みのハーモニー

シナモンロール

Cinnamonroll

アイシングが溶けない程度に軽くあたためると、ふんわり感がよみがえる。

\\ CUT \\

配合例

強力粉：100%	卵黄：30%
パン酵母（生イースト）：2%	上白糖：10%
バター：4.5%	塩：1.3%
加糖練乳：14%	水：45%
	シナモンシュガー：適量

　スウェーデンが発祥とされるシナモンロールは、世界各地で作られており、日本のベーカリーやカフェなどでもおなじみの存在。中でもアメリカのシナモンロールはボリューム満点で、朝食やおやつとして親しまれている。長方形にのばしたパン生地にバターを塗り、シナモンと砂糖をかけ、場合によってはレーズンも加えてロール状に。これを一切れずつ切り分け、渦巻き状の断面を上にして焼き上げる。砂糖のアイシングをかけ、甘めに仕上げることが多いが、アメリカではクリームチーズを使ったフロスティングをのせたり、ナッツのトッピングも人気。生地の口あたりはふんわりしているが、巻き込んだ砂糖やシナモンがしみわたり、しっとり感やもちもち感、さくっとした歯切れのよさも楽しめる。

DATA

タイプ：リッチ系	焼成法：天板焼き
主要穀物：小麦粉	サイズ：長さ8×幅8.5×高さ6.8cm
酵母の種類：パン酵母（イースト）	重さ：47g

ゴールドラッシュの時代に生まれた名物パン

サンフランシスコ・サワー・ブレッド

San Francisco Sour Bread

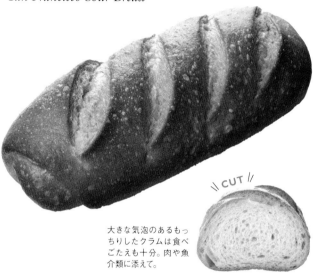

\\ CUT //

大きな気泡のあるもっちりしたクラムは食べごたえも十分。肉や魚介類に添えて。

　その名の通り、サンフランシスコ生まれの酸味のきいたパン。1849年に始まったゴールドラッシュの際、金鉱の採掘者が食べていたパンが、この地域の名物として今も親しまれている。見た目はフランスパンのようだが、空気中の乳酸菌でゆっくり発酵させる伝統的な手法を用いるため、独特の風味と酸味がある。そのため、「サンフランシスコ・サワー・フレンチ」と呼ばれることも。クラストは堅くかみごたえがあり、クラムはしっとりしてコシが強い。サンフランシスコの観光地では、丸形に焼いたサワー・ブレッドのクラムをくりぬいて、熱々のクラムチャウダーを入れた「クラムチャウダーボールブレッド」というメニューが人気。酸味のあるパンなので、ハムやチーズをのせたり、サンドイッチにするとさらにおいしい。

――――――――――◁ DATA ▷――――――――――

タイプ：リーン系	焼成法：直焼き
主要穀物：小麦粉	サイズ：長さ21×幅7.8×高さ6.7cm
酵母の種類：サンフランシスコサワー種	重さ：246g

写真のパンが買える店：紀ノ国屋 ⇒ P.179

タコスでおなじみの無発酵パン

トルティーヤ
Tortilla

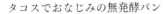

配合例
とうもろこし粉
：100％
サラダ油：7.5％
塩：2.5％
水：120％

\\ CUT //

とうもろこし粉を使うことで、とうもろこし
の甘い香りともっちりした食感が楽しめる。

小麦粉のみで作ったフ
ラワートルティーヤ。

　日本でもよく知られているメキシコ料理、タコスに使うパンとして
有名。タコスではチリソースを塗り、肉や野菜を挟む。本場では、
このままおかずに添えて主食にしたり、切ったトルティーヤを油で揚
げてチップスにしたり、塩やレモンをかけて食べたりする。とうもろ
こし粉を使うのが特徴で、とうもろこし粉で作ったパン種を丸めて、
発酵はさせずにのばして鉄板で焼く。中には小麦粉を混ぜたり、小
麦粉のみで作られる場合もあり、小麦粉100％のものは、フラワート
ルティーヤと呼ばれる。もともとトルティーヤはスペイン人がメキシコ
に入植する前から、地元民に食べられていた伝統的なパン。名前の
由来は、スペインのオムレツであるトルティージャに形が似ていたこ
とからきている。

╒══════ DATA ══════╕

タイプ：リーン系	焼成法：直焼き
主要穀物：とうもろこし粉、小麦粉	サイズ：直径15×高さ0.2cm
酵母の種類：酵母不使用	重さ：17g

もちもちした食感のチーズパン

ポン・デ・ケージョ
Pão de queijo

\\ CUT /

配合例

キャッサバ粉：100%	卵：24%
油：2%	粉チーズ：50%
塩：0.5%	牛乳：60%

あたため直す場合は、
アルミホイルをかぶせ
オーブンで。

　ポルトガル語でポンは「パン」、ケージョは「チーズ」のこと。キャッサバ芋のでんぷんから作った粉に粉チーズや卵などを加えて、ピンポン玉くらいのサイズに丸める。発酵はさせずに、あとはオーブンで焼くだけ。発酵なしの手軽さから本場ブラジルでは家庭でもよく作られ、それぞれのオリジナルのレシピがあるという。ベーコンやハムを混ぜることもある。喫茶店の定番メニューでもあり、食前にビールと一緒におつまみ感覚で食べたり、おやつにコーヒーとともに食べたりする。外側はパリッと香ばしく、中は餅のような食感で、チーズの香ばしい香りと塩気で、止まらなくなる味。日本人の味覚にも合うため、パン屋の他、手作り用のポン・デ・ケージョのミックス粉も売られている。

―――――――――――――――― DATA ――――――――――――――――

タイプ：リッチ系	焼成法：天板焼き
主要穀物：キャッサバ粉	サイズ：直径7×高さ9cm
酵母の種類：酵母不使用	重さ：60g

ご当地パンMAP

各地のメーカーが作っている、その地域に根付いたご当地パン。
他の地域では入手しづらいので、地元民にはなじみ深くても、他県民から見ると
ものめずらしいパンばかり。そんな変わり種のパンを紹介します。

東日本

Ⓖ 山形
ベタチョコ（たいようパン）

広げたパンにチョコがベッタリ！

大胆に開いたコッペパンにバタークリームを塗り、チョコで覆った商品。開いたパンを閉じて食べるのが、ツウなのだとか。

Ⓙ 富山
ヒスイパン（清水製パン）

翡翠の産地・富山で誕生！

ギョッとするほどの鮮やかなグリーンの正体は、ようかん。焦げたあんパンの表面に、ようかんを塗って出したのが始まり。

Ⓘ 静岡
のっぽパン
（バンデロール）

約34cmの長〜いパン

約34cmもある細長いコッペパンに、甘いミルククリームがたっぷり。チョコやピーナッツ味もある。

Ⓗ 長野
牛乳パン（小松パン）

パンより厚いミルククリームの層⁉

ふわふわのパンに「これでもか！」というほどミルククリームが挟まった一品。信州のパン屋の定番商品で、店によって個性がある。

(A) **北海道**
ようかんツイスト (日糧製パン)

まさかのようかん コーティング

ねじって焼き上げたパンに、チョコを上掛け……と思ったら、実はようかん！ サンドしたホイップクリームと意外と好相性。

(B) **青森**
イギリストースト (工藤パン)

ジャリジャリ感がやみつきに

耳までやわらかい食パンに、ジャリジャリしたグラニュー糖とマーガリンをサンド。定番のコーヒーや期間限定の味もある。

(C) **岩手**
あん・バター入りサンド (福田パン)

あん×バターのハーモニー

県内のスーパーなどにも卸すコッペパン専門店の一番人気商品。あんことバターの甘じょっぱさがクセになる。

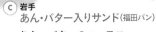

(D) **秋田**
ビスケットパン (たけや製パン)

ジャリジャリ感がやみつきに

ビスケットといっても堅くなく、しっとり。生地にビスケット生地を練り込んだデニッシュ風のパンで、ほんのり甘く優しい味。

(F) **福島**
元祖コーヒーパン
(ふたばや)

焦げではなくコーヒー

クリームボックスと並ぶ郡山市の名物。コーヒーバターを練り込んだ生地は、焼いたときにコーヒーが染み出して底が真っ黒！

(E) **福島**
クリームボックス
(ベーカリーチロル)

まさにクリームの箱！

福島県郡山市の各店で発売中。食パンの上に"塗る"、というより"盛る"という感じでミルククリームを存分に楽しめる。

ⓞ 島根
バラパン（なんぼうパン）

かわいいバラ形

横長の菓子パン生地をくるく巻いて、バラに見立てたファンシーなパン。中にはホイップクリームが入っている。

ⓢ 熊本
ネギパン（高岡製パン）

粉もの好きにはたまらない

ネギを混ぜたもちもちのパンの中には、かつお節とマヨネーズ、ケチャップのソースがイン。お好み焼きチックな味。

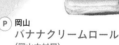

ⓟ 岡山
バナナクリームロール
（岡山木村屋）

どこか懐かしいバナナ味

ロールパンにバナナ風味の自家製クリームをサンドした、鉄板の組み合わせ。バナナクリーム単品でも販売あり。

ⓣ 宮崎
ジャリパン（ミカエル堂）

名前の由来は砂糖の食感

コッペパンに、砂糖とバタークリームを挟んだパン。食べたとき、砂糖がジャリジャリするのでこの名前がついた。

ⓡ 福岡
マンハッタン（リョーユーパン）

福岡だけどマンハッタン

ざくざく食感のドーナツに、チョコをコーティング。名前の由来は、開発者がマンハッタンで見た商品を参考にしたから。

K 滋賀
サラダパン （つるやパン本店）

サラダの正体は……

サラダといっても、生野菜は一切なし。入っているのは、マヨネーズと、なんと千切りたくあん！　意外とおつな味。

M 大阪
サンミー （神戸屋）

関西的ネーミングセンス！

表面のチョコ、ビスケット生地、中に挟んだクリームが三位一体なので、その名もサンミー。姉妹商品ヨンミーもある。

L 京都
カルネ （志津屋）

シンプル・イズ・ベスト！

マーガリンを塗ったパンに、ボンレスハムと玉ねぎを挟んだ、シンプルで飽きのこない味。チーズ入りなどもある。

Q 高知
高知ぼうしパン
（永野旭堂本店）

見た目が the ぼうし

パンの上にカステラ生地をのせて焼いた形は、まさにぼうしそのもの！　つば部分はさくさく、丸い頭の部分はふわふわ。

N 沖縄
ゼブラパン （オキコ）

由来はしましま模様

黒糖ペーストとピーナッツクリームをサンドしたパン。横から見るとしましま、だからゼブラなのだとか。素朴な甘さ。

171

パンのキーワード集

パンにまつわる言葉には聞いたことがあるけど、
実はきちんと説明できない専門用語がたくさんあります。
ここではそんなパン用語をわかりやすく解説します。

ア

イースト（市販のパン酵母）

イーストは、パン作りに適した酵母のみを取り出し、純粋培養したパン専用の単一酵母です。1gの生イーストには100〜200億もの単細胞の酵母が凝縮されており、発酵力が安定しています。イーストの原形で、製パン業界でもよく使われる「生イースト」、長期保存が可能な粒状の「ドライイースト」、ドライイーストより使いやすく加工した「インスタントドライイースト」があります。

イーストフード

パン酵母（イースト）を活性化させる食品添加物。イーストの栄養となり、パンのふくらみに不可欠なグルテンを強化したり、生地中の炭酸ガスを保持して生地の状態をよくする効果があります。パン生地の発酵時間を短縮したいときなどに、分量を守って使用します。

ヴィエノワズリー

「ウィーン風」という意味。オーストリアのウィーンからフランスに伝わった、甘くてやわらかいパンの総称です。卵や砂糖、バター、牛乳などを加えたリッチな配合で作られるのが特徴。クロワッサンやブリオッシュなどが挙げられます。

オーバーナイト法

折り込み生地や、油脂が多く含まれる生地を作るのに適したパンの製法です。生地を冷蔵庫で10〜15時間発酵。生地を冷やすことで、その後の作業をしやすくします。酸味が出やすいため、温度や衛生管理は慎重に行います。

折り込み生地

小麦粉で作った発酵生地と、バターなどの油脂を交互に重ねて折り込んだ生地のこと。オーブンで加熱すると、焼き上がりが幾重もの層になり、さくさくの食感が生まれ

ます。この生地を使って、クロワッサンやデニッシュ・ペストリーなどが作られます。

カ

外麦

外国産の小麦のこと。日本で流通している小麦粉は、アメリカやカナダなど外国産の小麦が圧倒的な割合を占めています。これに対し、国産小麦は内麦（ないばく）と呼ばれます。外麦は内麦に比べて小麦タンパクが多いため、ふっくらしたパンに焼き上がります。

可塑性油脂

粘土のように形を柔軟に変えられる固形油脂のこと。パン生地に使われるのは、バター、マーガリン、ショートニングなどで、パンのふくらみをよくする効果があります。可塑性を発揮する範囲はそれぞれ異なり、バターであれば13〜18℃が使用に適しています。

型焼き

成形の段階でパン生地を型に入れ、型ごとオーブンに入れて焼き上げる方法。食パン、イングリッシュ・マフィン、ブリオッシュ全般などは、型焼きパンの代表格です。それぞれ専用の焼き型があり、形の揃ったパンを作れます。型の素材はアルタイトやスチール製のものをよく見かけますが、近頃はシリコンタイプのものも増えてきました。型を選ぶときは、容量と生地の分量が合っていることが大切です。

クイックブレッド

アイルランドのブラウンブレッドやイギリスのスコーンに代表される、無発酵のパンのこと。一般的なパンにはパン酵母を使いますが、クイックブレッドはベーキングパウダーもしくは重曹などの膨張剤でふくらませます。材料を軽く混ぜたらすぐに焼くことができ、短時間で作れます。

クープ

生地の表面にナイフで切れ目を入れることを「クープを入れる」といいます。均一にクープを入れることでパン生地が膨張する際の圧力を逃がし、焼き上がりの形を整えることができます。また、オーブン内で火の通りがよくなり、パンにボリュームも出ます。

クラスト

焼き色がついた外皮部分のこと。食パンの場合は、「耳」と呼ばれる部分がクラストにあたります。焼きたては香ばしくパリッとしていますが、時間が経つにつれて湿気を吸い、しなっとしてきます。さらに時間が経つと、逆に乾燥が進んで堅くなります。

クラム

パンの中身のやわらかい部分。パンの種類によって、多孔質な気泡がたくさんあるものや、みっちり目の詰まったものなど個性があります。食感もしっとり、もちもち、ふんわり、など様々な違いがあります。焼きたてほどしっとりしてやわらかいのが特徴です。

グルテン

穀類に含まれるタンパク質のこと。小麦粉に水を加えてこね上げていくと、粘りと弾力性のあるグルテンという膜が形成されます。生地の発酵が進み、生地中に炭酸ガスが発生すると、グルテンの膜が風船のようにふくらんで、パンのボリュームが増します。

小麦粉（こむぎこ）

パン生地の主体となる材料。小麦タンパクという独自のタンパク質が含まれており、ふっくらした焼き上がりを引き出します。小麦粉はタンパク質の含有量によって分類されており、パン作りでは小麦タンパクが豊富な強力粉を中心に使います。小麦を粒ごとくだき、食物繊維が豊富な全粒粉もよく使われます。

サ

サワー種（だね）

ドイツパンなどライ麦パンを作るための発酵種。ライ麦粉と水を練り合わせたものを培地とし、数日間、種継ぎを繰り返し発酵させて作ります。粉や空気中に存在する酵母菌、乳酸菌や酢酸菌を取り込みながら発酵させるため、強い酸味と独特の風味が生まれます。この種を使った製法をサワー種

法といいます。ライ麦粉はグルテンを形成しないので、一般的なパンの製法ではあまりふくらみませんが、サワー種を配合することで生地が安定し、風味と食感のいいパンに焼き上がります。

直焼き（じかやき）

成形した生地を、型に入れたり天板にのせたりせず、窯の火床（ハース）に直に置いて焼くこと。この方法で焼いたパンを「直焼きパン」「ハースブレッド」といいます。バゲットやパン・ド・カンパーニュなどのフランスパンや、リーンな配合のドイツパンなどが該当します。

地粉（じごな）

国産小麦を意味する呼び方のひとつ。ある地域で栽培した小麦を、その地域もしくは同じ県内の製粉会社で小麦粉にした場合、地粉と呼ばれます。

自然種の酵母（酵母種）（しぜんだね／こうぼ／こうぼだね）

多種多様な菌類をパンの発酵に活かすための酵母です。よく耳にする「天然酵母」がこれにあたります。果物、穀物から自家培養した酵母種には、様々な酵母はもちろん、乳酸菌、酢酸菌といった細菌類も混在します。そのため発酵に時間がかかり、こまめな管理が必要ですが、野生酵母ならではの風味があります。ハード系のパンや、特徴的な風味や香りを出したいパンに使用されます。

す が 立つ（た）

パンを切ったとき、クラムの断面に見える気泡のことを「す」といい、気泡が入っていることを「すが立つ」と表現します。「す」の大きさ、形、均一に入っているかどうかなど、よしとされる「す」の入り方は、パンの種類によって異なります。

スクラッチベーカリー

材料の計量から生地作り、発酵、焼成まで、パン作りのすべての工程を自分の店で行っているパン屋のこと。すべて手作りなので、お店の個性がより感じられるといえます。工場で生産された冷凍生地を使うパン屋もあることから、このような呼び方をします。

ストレート法（ほう）

ミキシング工程を1回で行う、パンの基本製法。「直ごね法」ともいい、すべての材料を

一度に入れ、混ぜるところから焼成までを行う方法。粉の風味や香りがそのまま活かされ、弾力が出るのが特徴。工程がシンプルなので、家庭でのパン作りでもおなじみ。フランスパンなどのハード系からソフトバターロールまで、パン作り全般に用いられています。他の製法より、パンの老化が早いのが難点。

<ruby>長時間発酵<rt>ちょうじかんはっこう</rt></ruby>
一次発酵では、27〜30℃の環境で発酵時間を30分〜1時間ほどとります。しかし長時間発酵でパンを作る場合、生地に加えるパン酵母の量を減らし、さらに低温環境の中、じっくりと長い時間（一晩）をかけて発酵させます。そうすることで、生地の水和と熟成が進み、甘みが増すとされています。

<ruby>天板焼き<rt>てんばんや</rt></ruby>
成形した生地を天板に並べて最終発酵をとり、天板ごとオーブンに入れて焼く方法のこと。生地がやわらかいパンは最終発酵のあと、手で持って移動させることができないので、天板を使用します。また、甘い生地は直焼きだと底が焦げるため、その予防にもなります。

トッピング
パンの表面に様々な素材をまぶし、味わいや風味に個性を加えること。ドライフルーツ、ナッツを砕いたもの、クリームチーズ、ハーブ、ゴマなどの食材がトッピングに使われます。

<ruby>内麦<rt>ないばく</rt></ruby>
海外から輸入される外麦に対し、国産の小麦粉をさします。国産小麦は北海道を中心に生産されており、海外産に比べるとタンパク質の含有量が少なめ。焼き上がりのボリュームは控えめになりますが、香りがよくもっちりした食感に仕上がります。「はるゆたか」「春よ恋」などの品種が有名。

<ruby>中種法<rt>なかだねほう</rt></ruby>
発酵とミキシングを2段階で行うパンの製法。材料の50％以上の粉に、水とパン酵母を加えて発酵種（中種）を作り、次の段階で残りの材料を加えて本ごねを行います。

生地の堅さを調整しやすく、発酵も安定します。ふんわりソフトな仕上がりになるため、食パンや菓子パンを始め、ボリュームを出したいパンに向いています。日本の大手製パンメーカーの多くが採用。

<ruby>発酵<rt>はっこう</rt></ruby>
発酵とは、酵母の活動によってもたらされる一連の現象です。パン作りでは、小麦粉と水が科学的に結合することにより、小麦粉に含まれる酵素がでんぷんを糖類に分解し、パン生地に伸展性や弾性を与えます。また、砂糖（ショ糖）もパン酵母に消化され、炭酸ガスとアルコールを生み出します。炭酸ガスが生地のグルテン膜に包まれ、気泡となることで生地が大きくふくらみます。酵母の環境が60℃を超えるまで生地はふくらみ続けます。

パンの老化<rt>ろうか</rt>
焼きたてのパンはふんわりやわらかいのが特徴ですが、時間が経つにつれ水分が蒸発し、クラムが乾燥してパサパサしてきます。これをパンの老化（でんぷん質の変化）と表現します。砂糖や油脂、卵を配合した生地は、老化を防ぐ役割を果たすため、多少日持ちする場合も。

ピケ
生地を薄くのばした際、生地全体が均一にふくらむように、ピケローラーやフォークなどを使って穴を開ける作業。ブレヒクーヘンなど、過度なふくらみを抑えたいときに入れます。

フィリング
パンに挟んだり、塗ったり、詰めたりする具材のこと。たとえばツナサンドならツナ、クリームパンならカスタードクリーム、カレーパンならカレーペーストのことをさします。また、パンの表面に塗るジャムやペーストは「スプレッド」と呼ばれます。

ブーランジェリー
フランス語でパン屋を意味する言葉。生地作りから焼成まで、パン職人（ブーランジェ）

が一貫して手がけている店に対して使われています。

ベーカーズ・パーセント

生地の配合のうち、粉の総重量を100%とし、粉以外の材料が粉に対して占める割合を表示したもの。たとえば、レシピとは異なる個数やサイズで作りたい場合、レシピにある分量からベーカーズ・パーセントを割り出せば、実際に必要な量を算出できます。

ベッカライ

ドイツ語でパン屋を意味する言葉。日本にあるパン屋さんで、店名の頭に「ベッカライ」をつけて「ベッカライ○○」と名乗っているお店は、主にドイツパンを作っているお店だとわかります。

ポーリッシュ法

材料の小麦粉のうち20～40%に、同量の水と少量のパン酵母を加えて種を作る製法です。種の水分量が多いので、「液種法」「水種法」ともいわれます。発酵が早く進み、独特の風味も加わるのが特徴。特にハード系のパンによく用いられています。中種法より簡単で、パンも老化しにくい一方、水分が多いため、衛生面で配慮が必要。

マ

ミキシング

材料を混ぜ合わせてこね上げ、パン生地を作る工程。生地を均一にし、酵母が出す炭酸ガスを保持するためのグルテンを、しっかり引き出すのが目的です。家庭では「手ごね」製法が一般的ですが、パン用ミキサーを使えばこねる時間をぐっと短縮できます。

モルトシロップ

発芽大麦から抽出した麦芽糖の濃縮液。麦芽糖には小麦粉中のデンプンを糖化し、パン酵母の発酵を助けるアミラーゼという酵素が含まれています。砂糖を使わないリーン系のパンに使用。

ラ

ライ麦粉

小麦粉と同様に、パン生地の主体となる材料。成分は小麦粉と似ていますが、ライ麦のタンパク質はグルテンを作らないのが特徴。そのため、生地が大きくふくらまず、目の詰まっ

た重い食べ口のパンになります。小麦粉の生地に少量を混ぜ、しっとり感を出すなど様々な効果を引き出すこともできます。

リーン系

「簡素な」という意味。主に小麦粉、パン酵母、塩、水の4つの材料から作られるシンプルなパンを、まとめてリーン系といいます。フランスのバゲットやパン・ド・カンパーニュ、ドイツのライ麦パン、オーストリアのカイザーゼンメルなど、食事パンの多くはリーン系です。

リッチ系

「贅沢な」とか「豊かな」という意味。小麦粉、パン酵母、塩、水という基本の材料に、砂糖、卵、バター、牛乳などを加えて作られるパンを、まとめてリッチ系といいます。菓子パンをはじめ、デニッシュなどが該当します。

リテールベーカリー

リテールとは「小売り」という意味。店内にパンを作るための厨房があり、製造から販売まで一手に手がけているベーカリーを、パン業界ではリテールベーカリーと呼んでいます。

ルヴァン

フランス語で「発酵種」という意味。添加物を一切入れず、ライ麦や全粒粉の皮に付着している菌を培養して作ります。独特の酸味、甘み、香りがあるのが特徴。イーストに比べると発酵力は弱くなりますが、しっとりして食べごたえのあるクラムに仕上がります。

老麺法

老麺とは、パン酵母で発酵させた生地を、10～15時間、冷蔵庫で低温発酵させたもの。これを新しい生地の10～30%の割合で混ぜて使うのが老麺法です。酸味と甘みが引き出されるため、食パン、フランスパン、饅頭や花巻などに用いられます。

ワ

ワンローフ

食パンの成形方法のひとつ。ひとまとめにした生地を長方形にのばし、1本のロール状にして食パン型に入れる方法です。また、生地をふたつに分け、それぞれをロール状にして型に入れる成形方法もあります。この方法だとふたつ山のパンに焼き上がります。

パンの"サブスク"
&お取り寄せ

家にいながら全国のパンが楽しめる新しいサービスが登場しています。
旅する気分で、新しいパンとの出会いを楽しんでみませんか。

全国のパン屋さんからの定期便

パンスク

毎回全国のどこかのパン屋さん
から、パンのお届け便が楽しめ
る定期便サービス。1回3,990円
（税込／送料込）で、8個前後
のパンが味わえる。冷凍便なの
で1か月保存ができるうえ、あた
ためなおせばできたての味に！

ここから
アクセス

食品ロスにも貢献！

rebake(リベイク)

全国のパン屋さんからお取り寄
せができるサイト。注目は「ロス
パン」。やむを得ず廃棄になりそ
うなパンをリーズナブルに届ける
サービスだ。中でも、どのパン
屋さんから届くかお楽しみという
「特急おたのしみ便」2,850円
（税込／送料別）が人気。

ここから
アクセス

お取り寄せや定期便に取り組む
ベーカリーも増加中！
次ページからの SHOP LIST にも
お取り寄せ情報を紹介しています。

SHOP LIST

※掲載している情報は、2021年5月のものです。商品や価格など、変更がある場合があります。
※「お取り寄せ」はWEBなどの通信販売を含みます。
掲載のパンがお取り寄せできるかは店によって異なります。
※50音順に掲載。

AOSAN（アオサン）

京王線仙川駅ほど近くのベーカリー。幻の食パン"角食"は開店前に行列ができるほどの人気。子どもからシニアまで、年齢問わず愛されるパン作りを追求している。
URL：https://aosan628.thebase.in　住所：東京都調布市仙川町1-3-5（仙川店）　TEL：03-5313-0787　定休日：日曜、月曜日
お取り寄せ：あり（BASEにて通販）

麻布十番モンタボー

全国約80店舗で展開するパンショップ。各店で職人が仕込みから焼成までを行っている。看板商品「吟屋久島」はプレミアム食パンの草分け。
URL：https://mont-thabor.jp/
住所：東京都港区麻布十番2-3-3（本店）
TEL：03-3455-7296　定休日：元日　お取り寄せ：あり

itokito (イトキト)

東京・大岡山にあるベーカリー。パテ・ド・カンパーニュを
始め、本格的なフレンチ惣菜を挟んだ多彩なサンドイッチ
も人気。
URL：http://itokito.com　住所：東京都大田区北千束1-54-10
佐野ビル1F　TEL：03-3725-7115　定休日：日曜、月曜日
お取り寄せ：なし

イマノフルーツファクトリー

60年以上にわたり、日本橋茅場町に店を構える老舗果物
店。色とりどりの果物とともに、厳選した旬の果物をあしら
らったフルーツサンドが並ぶ。
URL：http://imanofruits.net
住所：東京都中央区日本橋茅場町1-4-7　TEL：03-3666-0747
定休日：日曜日、祝日　お取り寄せ：なし

VIRON (ヴィロン)

本場フランスの味を再現するため、フランス直輸入の小麦
粉を使用するなどフランスの材料にこだわったパン作りを
している。
住所：東京都渋谷区宇田川町33-8 塚田ビル 1F（渋谷店）
TEL：03-5458-1770　定休日：無休
お取り寄せ：なし

ウチキパン

イギリスのパン職人から暖簾分けされて以来130年以上、
横浜・元町で愛され続けている。「イングランド」（P.132）
は開業当時の製法のまま。
URL：http://www.uchikipan.com/
住所：神奈川県横浜市中区元町1-50　TEL：045-641-1161
定休日：月曜日（祝日営業 翌火曜休み）　お取り寄せ：なし

ÉCHIRÉ MAISON DU BEURRE (エシレ・メゾン デュ ブール)

フランス産A.O.P認定発酵バター「エシレ」世界初の専門
店。エレシ バターのフルラインアップのほか、香り高いバ
ターを使ったパンや焼き菓子が並ぶ。
URL：https://www.kataoka.com/echire/maisondubeurre/
住所：東京都千代田区丸の内2-6-1丸の内ブリックスクエア1F
定休日：不定休　お取り寄せ：なし

大平製パン

福島で3代続く老舗パン店で育った店主が営むコッペパ
ン専門店。近くの姉妹店では、かわいらしい動物形のパン
を販売している。
URL：https://www.facebook.com/ohiraseipan/
住所：東京都文京区千駄木2-44-1
定休日：月曜日　お取り寄せ：なし

カトレア

昭和初期に「洋食パン」の名で売り出した商品がカレーパ
ンのルーツとなった。なつかしの味、クリームパンやあんぱ
んも人気。
URL：https://www.cattlea-bakery.com/
住所：東京都江東区森下1-6-10　TEL：03-3635-1464
定休日：日曜、月曜日　お取り寄せ：なし

考えた人すごいわ

かつてない口どけが評判の高級食パン専門店。扱うのは、プレーンの「魂仕込」と、マスカットレーズン入りの「宝石箱」の2種。
URL：https://sugoi-bread.com/ 住所：東京都国分寺市泉町3-35-1 西国分寺レガビル1F（西国分寺店）
TEL：042-316-8895 定休日：不定休 お取り寄せ：なし

キートス

フィンランドで修業した店主が、本場の味を提供する北欧系のパン屋さん。添加物は使ってないので、穀物本来の味を堪能できる。
URL：http://www5a.biglobe.ne.jp/kiitos 住所：京都府京都市中京区壬生坊城町33 グランディール朱雀002
TEL：075-842-0585 定休日：火曜日 お取り寄せ：あり

紀ノ国屋

首都圏を中心に店舗を構えるスーパーマーケット。あんぱんから中東のピタパンまで、様々な国のパンが楽しめる。
URL：https://www.e-kinokuniya.com/ 住所：東京都港区北青山3-11-7 AoビルB1F（インターナショナル）
TEL：0422-28-0030 定休日：無休
お取り寄せ：あり（KINOKUNIYAオンラインストア）

銀座千疋屋

1894年創業の老舗果物店。見た目も美しい端正なフルーツサンドは長年愛され続けている。銀座本店はカフェも併設。
URL：https://ginza-sembikiya.jp/
住所：東京都中央区銀座5-5-1 1F（銀座本店）
TEL：03-3572-0101（代）
定休日：無休（年末年始を除く） お取り寄せ：なし

クイーンシーバ

アフリカのエチオピア料理専門店。ダチョウやヤギの肉など、珍しい料理が目白押し。もちろんエチオピア伝統のパンも味わえる。
URL：http://www.queensheba.info 住所：東京都目黒区東山1-3-1 ネオアージュ中目黒 B1F TEL：03-3794-1801
定休日：無休 お取り寄せ：なし

グリューネ・ベカライ

スイスの伝統製法で手間ひまかけて焼くパンは、風味も味わいも豊か。スイスを中心にヨーロッパのパンが各種並ぶ。
URL：http://www.ne.jp/asahi/wweg/gorey/grune.html
住所：東京都世田谷区大原2-17-15
TEL：03-3324-5562
定休日：日曜日 お取り寄せ：なし

Kepobagels（ケポベーグルズ）

オリジナルの和ベーグル、そして本場のニューヨークスタイルのベーグルも扱う専門店。どちらももっちりとした食感にこだわる。
URL：https://kepobagels.com
住所：東京都世田谷区上北沢4-16-13 TEL：03-6424-4859
定休日：月曜（祝日営業）、火曜日 お取り寄せ：あり

coharu*bagel (コハルベーグル)

名古屋で人気のベーグルとイングリッシュマフィンの店。季節の素材を取り入れたオリジナルメニューが豊富に並ぶ。
URL：http://www.coharubagel.com
住所：愛知県名古屋市名東区猪高台1-1407
TEL：052-777-7753
定休日：日曜、月曜日　お取り寄せ：なし

オーストリア菓子とパンのサイラー

福岡にあるオーストリアの菓子とパンの専門店。オーストリア人のシェフが焼く本場のパンが味わえる。
URL：https://sailer.jp
住所：福岡県福岡市南区長丘2-1-5 西村ヒルハト
TEL：092-551-7077
定休日：無休（年末年始を除く）　お取り寄せ：あり

サバラン

ヘルシーな豆やハーブを多用した、ペルシャ＆トルコ料理の専門店。イランのパン・バルバリは絶妙な焼き加減で提供してくれる。
住所：東京都目黒区自由が丘1-28-8 自由が丘デパート2F
TEL：03-5701-0012
定休日：水曜日　お取り寄せ：なし

サンセリテ

パン日本一を競う大会で優勝した食パン（P.8）のほか、「天熟食パン」も気取らない価格とおいしさで人気を呼んでいる。東京・祖師谷大蔵にも出店。
URL：http://www.panya3.com/
住所：埼玉県狭山市狭山台3-11-2　TEL：04-2957-8934
定休日：水曜日　お取り寄せ：なし

365日

手作りのハムやベーコン、あんこなどを使った国産小麦の自然派パンが揃う。店内にはパンのみならず厳選の食材、食雑貨も多数。
URL：http://ultrakitchen.jp
住所：東京都渋谷区富ヶ谷1-6-12　TEL：03-6804-7357
定休日：2月29日　お取り寄せ：あり

CENTRE THE BAKERY (セントル ザ ベーカリー)

人気のブーランジェリー「VIRON」が手がける食パン専門店。併設のカフェでは、自社牧場の美瑛牛乳と共に、3種の食パンの食べ比べも楽しめる。
住所：東京都中央区銀座1-2-1 紺屋ビル1F
電話番号：03-3562-1016
定休日：無休　お取り寄せ：なし

ダイワ中目黒

愛知県にある八百屋「ダイワスーパー」が営むフルーツサンド専門店。味利きが選んだ新鮮なフルーツたっぷりのサンドが常時10種類ほど並ぶ。
URL：https://358daiwa.com
住所：東京都目黒区上目黒1-13-6
定休日：月曜日　お取り寄せ：あり

ドイツパンの店 タンネ

本格的な南ドイツのパンを、ドイツ人マイスターから直接指導を受け、伝統的な製法を忠実に守って焼いている。イートインあり。
URL：https://bakerytanne.com/
住所：東京都中央区日本橋浜町2-1-5　TEL：03-3667-0426
定休日：日曜日、祝日　お取り寄せ：あり

Zopf (ツオップ)

毎日300種類以上のパンが焼き上がる、大人気のパン店。2階にはカフェも併設され、特に朝食メニューが豊富。通販もある。
URL：http://zopf.jp
住所：千葉県松戸市小金原2-14-3　TEL：047-343-3003
定休日：夏季・冬季休業あり　お取り寄せ：あり

d'uNE rArETé (デュヌ・ラルテ)

フランス語で「類にも稀なる」の店名を持つ。その名の通り、味と食感が際だつオリジナリティ豊かなパン作りを目指している。
URL：http://www.dune-rarete.com　住所：東京都港区南青山5-8-10 萬菜庵ビルⅠ 1F（青山骨董通り本店）
TEL：090-6305-3479　定休日：不定休　お取り寄せ：あり

TOAST neighborhood bakery (トースト ネイバーフッド ベイカリー)

ウェールズ地方をイメージしたレンガづくりが目を引くベーカリー。イギリスパンやスコーンなどイギリスの伝統的なパンが並ぶ。
URL：http://www.toastbakery.jp/
住所：神奈川県横浜市中区本郷町1-25　TEL：045-263-8264
定休日：火曜、水曜日　お取り寄せ：あり

Toshi Au Coeur du Pain (トシオークーデュパン)

東横線都立大学駅近く。パリで修業した店主が作る本格的なバゲットが看板商品。朝食に焼きたてパンを、6時30分からオープンしている。
URL：https://www.toshipain.com/
住所：東京都目黒区中根2-13-5　TEL：03-5726-9545
定休日：月曜、火曜日　お取り寄せ：あり

Tommys (トミーズ)

創業40年以上、神戸に4店舗を持つ焼きたてパンの店。通販も行っており、あんこたっぷりのアレンジ食パン・あん食は全国どこでも味わえる。
URL：https://www.tommys-kobe.com/　住所：兵庫県神戸市東灘区魚崎南町4-2-46（魚崎本店）　TEL：078-451-7633
定休日：無休　お取り寄せ：あり

TROISGROS (トロワグロ)

フランスにあるミシュランの星つきレストラン「トロワグロ」が手がけるショップ。パンを始め、ケーキやワインなど本格的なフランスの美食を提供している。
URL：http://www.troisgros.jp/　住所：東京都新宿区西新宿1-1-3 小田急百貨店新宿店本館B2F　TEL：03-5325-2487
定休日：不定休（施設に準じる）　お取り寄せ：なし

高級「生」食パン専門店 乃が美

高級食パンブームの草分け的な専門店。2013年に大阪で創業し、現在は全国47都道府県に220店舗。耳までやわらかい「生」食パンが看板商品。
URL：https://nogaminopan.com/　住所：大阪府大阪市天王寺区上之宮町2-2（総本店）　TEL：06-6773-6488
定休日：不定休　お取り寄せ：あり

パーネ エ オリオ

本場の製法で作られる、イタリアパンの専門店。イタリアのパンと相性のよいオリーブ油も販売している。
URL：http://paneeolio.co.jp
住所：東京都文京区音羽1-20-13
TEL：03-6902-0190
定休日：日曜、月曜日、祝日　お取り寄せ：あり

包包（パオパオ）

中国蒸しパンが手軽な価格で購入できる。種類が豊富で、定番の肉まん、あんまんから、きのこまんなどの変わり種も。
住所：東京都世田谷区三軒茶屋2-13-10
TEL：03-3410-8806
定休日：水曜日　お取り寄せ：なし

Patisserie SATSUKI（パティスリーサツキ）

ホテルニューオータニのグランシェフが手がけるペストリーブティック。約100種類以上の焼きたてパンやオリジナルケーキが揃う。
URL：https://www.newotani.co.jp/tokyo/restaurant/p-satsuki
住所：東京都千代田区紀尾井町4-1 ホテルニューオータニ内
TEL：03-3221-7252　定休日：無休　お取り寄せ：なし

Panaderia TIGRE （パナデリーヤ ティグレ）

世田谷区で開業後、2017年に相模湾に面する二宮に移転。バゲットなどのハード系から食パン、お惣菜パンなど色とりどりのパンが並ぶ。
住所：神奈川県中郡二宮町山西1387-7
TEL：0463-59-9389
定休日：月曜、火曜日　お取り寄せ：なし

ぱん工場　寛

夜の間に焼きあげ、朝食に合わせて配達する個性的なパンショップ。油脂を使わない、シンプルさを追求した食パンはお取り寄せもできる。
URL：http://home.p00.itscom.net/pankouba
住所：東京都目黒区中根1-6-10 名店会館2F
定休日：不定休　お取り寄せ：あり

パン酵母シーバー

神奈川県伊勢原市のパン工房。イタリア産の天然酵母や自家製の天然酵母、手作りのハムやベーコンなど素材からこだわる。
URL：http://www.si-ba.net　住所：神奈川県伊勢原市高森1444　TEL：0463-94-8765　定休日：月曜（祝日営業 翌火休み）、第2火曜日　お取り寄せ：あり

BREAD, ESPRESSO& (パンとエスプレッソと)

表参道の裏路地に店を構えるベーカリーカフェ。バターたっぷりの食パン「ムー」は売り切れ必至。フレンチトーストが人気のカフェも。
URL：http://www.bread-espresso.jp
住所：東京都渋谷区神宮前3-4-9 TEL：03-5410-2040
定休日：不定休　お取り寄せ：あり

ぱんプキン

京浜急行線汐入駅すぐ。横須賀名物海軍カレーをパンに仕立てた、福神漬け入りのカレーパンが看板商品。チーズクリームが入ったあんぱんも人気が高い。
住所：神奈川県横須賀市汐入町2-40青柳ビル1F
TEL：046-823-1133
定休日：日曜日　お取り寄せ：なし

パン屋 たね

金沢の小さなブーランジェリー。自家培養の酵母種や北海道産などの小麦で作るハード系パン、ベーグルが評判で、金沢の有名レストランなどにも卸している。
住所：石川県金沢市富樫1-7-8
TEL：076-226-0009
定休日：月曜、第3日曜日　お取り寄せ：なし

HIGU BAGEL&CAFE (ヒグ ベーグル＆カフェ)

東京・板橋にあるベーグルとアメリカンスイーツ専門店。外はカリッと中はもっちり、食感にこだわったオリジナルベーグルが種類豊富に並ぶ。カフェも併設。
URL：https://www.higubagel.com/
住所：東京都板橋区宮本町36-3 TEL：03-3960-3835
定休日：月曜、火曜日　お取り寄せ：あり

CHEZ BIGOT SAGINUMA (ビゴの店 鷺沼 ル・マルシャン・ド・ボヌール)

フランスパンを日本に伝えたフィリップ・ビゴ氏の一番弟子が営むブーランジェリー。本格的なフランスパンに加え、季節に合わせたパンも豊富。
URL：https://bigot-tokyo.co.jp　住所：神奈川県川崎市宮前区小台1-17-4 FUJIMORI鷺沼ビル　TEL：044-856-7800
定休日：月曜日（祝日営業、翌火曜休み）　お取り寄せ：なし

広島アンデルセン

1967年に広島でオープンしたベーカリーとレストランの複合店。パンを始めデリカテッセン、ワイン、お花まで揃え、パンのある豊かな暮らしを紹介している。
URL：https://www.andersen.co.jp/hiroshima/　住所：広島県広島市中区本通7-1 TEL：082-247-2403（代表）
定休日：不定休　お取り寄せ：アンデルセンネット

ファンファン

1977年創業のイギリス食パンの店。「ごはんのように食べてもらえるパン」を目指し、開業当時から変わらない配合と製法で作り続けている。
URL：http://www.fanfan0141.com　住所：愛知県海部郡大治町花常福島87-2 TEL：052-442-0065
定休日：日曜日、祝日　お取り寄せ：あり

Boulangerie & cafe goût (ブーランジェリー アンド カフェ グウ)

毎日のシーンに合わせたパンをと、店頭には150種類以上のパンが並ぶ。国産小麦や、自家農園で育てた野菜を使うなど材料にもこだわりが。
URL：https://derien.co.jp/　住所：大阪府大阪市中央区安堂寺町1-3-5 キャピトル安堂寺1F　TEL：06-6762-3040
定休日：木曜、第1・3水曜日　お取り寄せ：なし

BOULANGERIE ianak! (ブーランジェリー イアナック)

東京・西日暮里駅近くで愛されるベーカリー。食パン、デニッシュ、ベーグルなど丁寧に作られた80種類ほどのパンが、小さな店内を彩る。
URL：http://www.ianak.com
住所：東京都荒川区西日暮里4-22-11　TEL：03-3822-0015
定休日：不定休　お取り寄せ：なし

Boulangerie Django (ブーランジェリー・ジャンゴ)

元デザイナーという異色の経歴を持つ店主が営む。ビーツを練り込んだ赤いハード系パンなど見た目にも美しい個性的なパンやサンドイッチが楽しい。
URL：http://la-boulangerie-django.blogspot.jp
住所：東京都中央区日本橋浜町3-19-4　TEL：03-5644-8722
定休日：水曜、木曜日　お取り寄せ：なし

Boulangerie Sudo (ブーランジェリー スドウ)

東急世田谷線松陰神社前駅すぐ。もっちり・ふんわりと食感の異なる2種類の食パンが人気。季節のフルーツをのせたデニッシュや焼き菓子も並ぶ。
URL：https://www.instagram.com/boulangerie.sudo/
住所：東京都世田谷区世田谷4-3-14　TEL：03-5426-0175
定休日：日曜、月曜日（火曜不定休）　お取り寄せ：なし

ブーランジェリー・パルムドール

メディアでも取り上げられている大納言あずきパンが人気商品。その他、ハード系から惣菜パンまで幅広く扱う。
住所：神奈川県相模原市緑区向原3-20-29
TEL：042-783-0091
定休日：月曜、火曜、金曜日
お取り寄せ：なし

ブーランジェリーブルディガラ

「日常生活を少しだけ上質に」をブランドミッションとし、発酵バターや自家製酵母などを使用した欧州パンが並ぶ。
URL：https://www.burdigala.co.jp
住所：東京都港区南麻布4-5-66（広尾本店）
TEL：03-3280-2727
定休日：無休　お取り寄せ：あり

BOULANGERIE LA SAISON (ブーランジュリー　ラ・セゾン)

「食事と一緒に食べる主食としてのパン」というコンセプトを大切に、様々な国の食事パンを常時用意している。
URL：https://www.la-saison.jp
住所：東京都渋谷区代々木4-6-4 エクセレント代々木1F（本店）
TEL：03-3320-3363
定休日：火曜日　お取り寄せ：なし

フツウニフルウツ

小田急線下北沢駅から徒歩5分。人気ベーカリー「パンと
エスプレッソと」が手がけるフルーツサンド専門店。毎日
食べても飽きない味を追求している。
住所：東京都世田谷区代沢5-28-17
TEL：03-5432-9892
定休日：無休　お取り寄せ：なし

brivory（ブライヴォリー）

高級食パン専門のパン工房。小麦粉を始め地元栃木県産
の食材を中心に、厳選した材料で健康とおいしさを追求し
ている。お得な定期購入も受付中。
URL：https://www.brivory.co.jp/
住所：栃木県日光市今市本町11-4-105　TEL：0288-25-6910
定休日：日曜、月曜日　お取り寄せ：あり

BLUFF BAKERY（ブラフベーカリー）

鮮やかなブルーの扉をくぐると、ニューヨークスタイルを追求
した店内には、シナモンロールやベーグルなど多彩なパンが
並ぶ。パンに合わせて小麦粉を使い分けるこだわりも。
URL：http://www.bluffbakery.com　住所：神奈川県横浜市
中区元町2-80-9　モトマチヒルクレスト1F（本店）
TEL：045-651-4490　定休日：無休　お取り寄せ：あり

ブレッド＆タパス 沢村 広尾

世界中から選りすぐった粉や水、徹底した温度管理、4種
の天然酵母を使い分け、風味のよいパンを提供。2階のレ
ストランではタパス料理なども楽しめる。
URL：https://www.b-sawamura.com　住所：東京都港区南
麻布5-1-6　ラ・サッカイア南麻布1・2F
TEL：03-5421-8686　定休日：無休　お取り寄せ：あり

Blé Doré（ブレドール）

葉山・逗子で愛されるベーカリー。鎌倉野菜など地元食材
を使ったパンも。カフェで提供している焼きたてパン食べ
放題のモーニングサービスは、行列ができるほどの人気。
URL：http://www.bledore.jp/　住所：神奈川県三浦郡葉山町
一色657-1（葉山店）　TEL：046-875-4548
定休日：火曜日　お取り寄せ：あり

フロイン堂

神戸では知らない人はいない老舗ベーカリー。手ごねの生
地を1932年の創業当時から受け継ぐドイツ窯で焼きあげ
ている。香り高い食パンが看板商品。
URL：https://www.instagram.com/furoindo/　住所：兵庫
県神戸市東灘区岡本1-11-23　TEL：078-411-6686
定休日：日曜日、祝日、第1・3水曜日　お取り寄せ：なし

BAGEL U（ベーグルU）

仙台のベーグル専門店。ニューヨークでパン作りを学んだ
店主が、定番、日替わり合わせて30種類以上のベーグル
を手掛ける。もちもちとした弾力ある生地が特徴。
URL：https://www.instagram.com/bagel_u_sendai/
住所：宮城県仙台市太白区富沢4-8-47　TEL：022-743-9181
定休日：月曜日、第4火曜日　お取り寄せ：なし

Prologue plaisir (プロローグ　プレジール)

パンの他にケーキ類も充実したベーカリーカフェレストラン。アップルカスタードは大人気商品。
URL：http://prologue.opal.ne.jp/shop/plaisir
住所：神奈川県横浜市青葉区鉄町1689-1
TEL：045-532-9985
定休日：無休（夏季、年始除く）　お取り寄せ：なし

ベッケライ ならもと

東京都日野市にあるパン屋さん。主力商品のドイツパンの他、様々な惣菜を挟んだバーガーやサンドイッチなども魅力。
URL：http://narapann.com
住所：東京都日野市多摩平6-34-3
TEL：042-586-6685
定休日：月曜、火曜日　お取り寄せ：なし

Pelican (パンのペリカン)

1942年創業の浅草の老舗ベーカリー。商品は食パンとロールパンの2種類というシンプルさ。創業当時と変わらないスタイルには、多くのファンがついている。
URL：http://www.bakerpelican.com
住所：東京都台東区寿4-7-4　TEL：03-3841-4686
定休日：日曜日、祝日、特別休業日　お取り寄せ：あり

Pelican cafe (ペリカンカフェ)

老舗ベーカリーの直営カフェ。明るい北欧風の店内では、フルーツサンドなどペリカンのパンを使ったメニューを提供。トーストは特注網にのせて直火でカリッと仕上げている。
URL：https://pelicancafe.jp/
住所：東京都台東区寿3-9-11　TEL：03-6231-7636
定休日：日曜日、祝日、特別休業日　お取り寄せ：なし

ホーフベッカライ エーデッガー・タックス

ウィーン菓子、ドイツパンの専門店。「ウィーンやドイツの食文化を広めたい」というシェフのコンセプトをもとに様々な商品が並ぶ。
URL：https://www.edegger-tax.jp/　住所：京都府京都市左京区岡崎成勝寺町3-2　TEL：075-746-6875
定休日：水曜日　お取り寄せ：あり

PAUL (ポール)

1889年創業のフランスパンの老舗。創業当時の製法を守り、材料もフランス産にこだわるなど、徹底したフランスパンを追求する。
URL：https://www.pauljapan.com/ja/　住所：東京都新宿区四谷1-5-25アトレ四谷1F（アトレ四谷店）　TEL：03-5368-8823
定休日：無休　お取り寄せ：なし

hotel koé bakery (ホテル コエ ベーカリー)

ライフスタイルブランド「koé」が手がけるベーカリー。「日本の食卓をもっと豊かに、もっと楽しく」と、新感覚のパンを開発。モダンなパッケージは手土産にも◎。
URL：https://hotelkoe.com/food/　住所：東京都渋谷区宇田川町3-7 hotel koé tokyo 1F（koé lobby内）
TEL：03-6712-7257　定休日：不定休　お取り寄せ：あり

Pomme de terre（ポム・ド・テール）

JR中央線西荻窪駅近くのベーグル専門店。店主が考案した100種類以上のレシピの中から、季節に合わせて毎日約15種類を作っている。フレンチ・デリやケーキも扱う。
URL：http://www.pomme-de-terre.net
住所：東京都杉並区西荻北4-8-2-101　TEL：03-5382-2611
定休日：月曜、火曜、木曜、土曜日　お取り寄せ：なし

ボワ・ド・ヴァンセンヌ

国産小麦や発酵バター、自然卵など、徹底的に素材にこだわる。フランス修業の技術を生かし、本場さながらの味を再現。
住所：東京都新宿区早稲田町5
TEL：03-3209-1531
定休日：日曜日　お取り寄せ：あり

POMPADOUR（ポンパドウル）

赤い紙袋がトレードマーク。焼きたてパンにこだわって、全店が売り場に工房を併設している。
URL：https://www.pompadour.co.jp
住所：神奈川県横浜市中区元町4-171　ポンパドウルビル1F
（元町本店）　TEL：045-681-3956
定休日：不定休　お取り寄せ：あり（通販）

マヨルカ

スペイン王室御用達のデリカテッセン＆カフェ。看板商品のエンサイマーダは常時3～4種類の味が楽しめる。
URL：http://www.pasteleria-mallorca.jp
住所：東京都世田谷区玉川1-14-1 二子玉川ライズS.C.内 2F
TEL：03-6432-7220
定休日：不定休（施設に準じる）　お取り寄せ：あり

みはるや

1951年創業、東京・鶯谷のコッペパン専門店。多彩な具材のコッペパンが毎日11～20種類ほど、ショーケースにぎっしり並ぶ。朝6時に開店し、売り切れ次第終了。
URL：http://miharuya.jp/
住所：東京都荒川区東日暮里4-20-3　TEL：03-3801-3542
定休日：日曜日、祝日　お取り寄せ：なし

みんなのぱんや

あんぱんやくりーむぱん、焼きそばパンなど、日本の昔ながらのパンを扱う。どのパンも素朴で懐かしい味が楽しめる。
URL：https://www.marunouchi.com/shop/detail/3015/
住所：東京都千代田区丸の内2-7-3 東京ビルTOKIA B1F
TEL：03-5293-7528　定休日：不定休（施設に準じる）
お取り寄せ：なし

ムーミンベーカリー＆カフェ 東京ドームシティ ラクーア店

ムーミンの故郷フィンランドのパンや料理が楽しめる。キャラクターをモチーフにしたオリジナルパンも人気。
URL：https://benelic.com/moomin_cafe/tokyo_dome.php
住所：東京都文京区春日1-1-1 東京ドームシティ ラクーア1F
TEL：03-5842-6300
定休日：不定休（施設に準じる）　お取り寄せ：なし

©Moomin Characters ™

187

ムンバイ

インド大使館御用達のインドレストラン。何種類もある本
格インドカレーに合うナンやチャパティが楽しめる。
URL：https://mumbaijapan.com
住所：東京都千代田区九段南2-2-8 松岡九段ビルB1F
（九段店）　TEL：03-3261-2211
定休日：無休　お取り寄せ：あり

MAISON KAYSER (メゾンカイザー)

オリジナル製粉の小麦粉、自社製天然酵母、特別製法の
発酵バターなど、特別な素材を厳選。パンのある幸せな食
卓を提案する。
URL：https://maisonkayser.jp/　住所：東京都港区高輪1-4-
21（高輪本店）　TEL：03-5420-9683　定休日：無休（年始除
く）　お取り寄せ：自社ECサイトにてあり

Maison Landemaine (メゾン ランドゥメンヌ)

パリの実力派ブーランジェリー。看板商品のクロワッサ
ン、パン オ ショコラなど毎日約30〜40種類のパンが並
ぶ。テラス席やカフェスペースも併設。
URL：https://www.maisonlandemainejapon.com/
住所：東京都港区麻布台3-1-5（麻布台店）
TEL：03-5797-7387　定休日：年始　お取り寄せ：なし

Mon-RICO (モン・リコ)

スペイン料理＆ワインが堪能できる、ライブ感溢れるスペ
インバル。フレッシュトマトやアンチョビなど、コカのトッ
ピングも豊富。コカ（P.144）は要予約。
URL：https://whaves.co.jp/mon/monrico/　住所：東京都港
区芝5-22-1 1F（田町店）　TEL：03-5446-0993
定休日：なし　お取り寄せ：なし

横澤パン

盛岡の老舗パン店。二代目店主が先代から受け継いだ手
ごね製法を守り続け、中はふわっと外は香ばしい風味豊か
なパンを提供している。
URL：https://www.yokosawapan.com
住所：岩手県盛岡市三ツ割1-1-25　TEL：019-661-6773
定休日：日曜日　お取り寄せ：あり

吉田パン

盛岡の老舗「福田パン」を師に仰ぐ店主が東京・下町で開
いたコッペパン専門店。注文を受けてから仕上げるスタイ
ルで、定番から季節限定まで多彩なメニューが楽しめる。
URL：http://yoshidapan.jp/　住所：東京都葛飾区亀有
3-27-4（亀有本店）　TEL：03-5613-1180
定休日：不定休　お取り寄せ：なし

リンデ

本格的なドイツパンが楽しめる専門店。ソフトとハードの
2種のブレッツェルなど、多種なパンが並ぶ。2階にはカ
フェを併設。
URL：https://www.lindtraud.com　住所：東京都武蔵野市吉
祥寺本町1-1-27（吉祥寺本店）　TEL：0422-23-1412
定休日：無休（年末年始除く）　お取り寄せ：あり

A.Lecomte (ルコント)

伝統的なフランス菓子が楽しめる専門店。フルーツケーキは創業当時からのスペシャリテ。色とりどりの洋菓子に交ざって、本場のクロワッサンも提供している。
URL：https://www.a-lecomte.com/ 住所：東京都港区南麻布5-16-13 (広尾本店) TEL：03-3447-7600
定休日：不定休 お取り寄せ：なし

LeTAO (小樽洋菓子舗 ルタオ 通販センター)

北海道・小樽で愛されている洋菓子店。乳製品をふんだんに使ったスイーツが得意で、チーズケーキ「ドゥーブルフロマージュ」は全国的にも人気を博している。
URL：https://shop.letao.jp/
住所：北海道千歳市泉沢1007番地111 TEL：0120-222-212
定休日：無休 (年末年始は除く) お取り寄せ：あり

ロシア料理レストラン ロゴスキー

日本初のロシア料理専門店。ボルシチなどと一緒に黒パンや、ピロシキが味わえる。ピロシキは肉の他に、野菜やカレー風味なども。
URL：http://www.rogovski.co.jp 住所：東京都中央区銀座5-7-10 EXITMELSA 7F TEL：03-6274-6670
定休日：無休 (年末年始除く) お取り寄せ：あり

BREAD INDEX

※パンの解説ページのみ記載。

191

監修、撮影協力　**東京製菓学校**

パン科
伊藤常至、仲野明宏

1954年開校。和菓子、洋菓子、パンのプロを育てる専門学校。実践的なカリキュラムで最新の機材や特殊設備の他、国内外のトップレベルの講師陣など、あらゆる面でサポートする。昼間部、夜間部がある。実習授業が全体の80%を占め、ヨーロッパの伝統的なパンから調理パンまで、日本で売られているあらゆるパンの製造法が学べる。また、石窯での製パン技術や酵母種の扱い方など、高度な製パン技術を習得できる。https://www.tokyoseika.ac.jp/

Staff

装丁、デザイン	熊田愛子　渡辺文佳（monostore）
イラストレーション	越智あやこ
撮影	西山 航（株式会社世界文化ホールディングス）
	伏見早織（株式会社世界文化ホールディングス）
執筆協力	伊藤 睦
DTP製作	株式会社明昌堂
校正	株式会社円水社
編集	株式会社チャイハナ
	丸井富美子（株式会社世界文化ブックス）

※本書は『いちばんくわしいパン事典』（2015年刊）を改訂し、新規ページを加えたハンディ版です。

世界のおいしいパン手帖

発行日　2021年6月30日　初版第1刷発行

監修	東京製菓学校
発行者	竹間 勉
発行	株式会社世界文化ブックス
発行・発売	株式会社世界文化社
	〒102-8195
	東京都千代田区九段北4-2-29
	☎ 03(3262)5118（編集部）
	☎ 03(3262)5115（販売部）
印刷・製本	凸版印刷株式会社

©Sekaibunka Books,2021. Printed in Japan
ISBN 978-4-418-21309-2

無断転載・複写を禁じます。定価はカバーに表示してあります。
落丁・乱丁のある場合はお取り替えいたします。
本書編集ページに掲載されている情報は2021年5月31日現在のもので、諸事情により変更される場合がございます。あらかじめご了承ください。